装修预算

从入门到精通

理想·宅 编

U0302582

北京希望电子出版社
Beijing Hope Electronic Press
www.bhp.com.cn

内容简介

本书共三篇九章。第一篇为预算入门篇，分两章讲解家装预算基础和预算规则，介绍家装预算的基本逻辑，内容浅显易懂。第二篇为预算进阶篇，分四章讲解施工工价、辅材价格、主材价格和软装价格，并结合装修市场行情，详解材料、家具、家电、软装等各项材料的价格区间，为读者提供第一手准确的市场价格信息。第三篇为预算精通篇，分三章讲解不同家居风格、户型的预算价格区间，以及预算常见问题。最后一章的问答合集，列举了预算中最常见的问题以及规避的方法。

本书既可用于室内初级设计师的参考书，也可作为业主的预算参考书。

图书在版编目（CIP）数据

装修预算从入门到精通 / 理想·宅编 . — 北京：
北京希望电子出版社 , 2021.4
　ISBN 978-7-83002-824-4

　Ⅰ .①装… 　Ⅱ .①理… 　Ⅲ .①住宅—室内装修—建筑
预算定额—基本知识 　Ⅳ .① TU723.3

中国版本图书馆 CIP 数据核字 (2021) 第 064836 号

出版： 北京希望电子出版社	**封面：** 杨 莹
地址： 北京市海淀区中关村大街 22 号	**编辑：** 龙景楠
中科大厦 A 座 10 层	**校对：** 李 培
邮编： 100190	**开本：** 710mm×1000mm 1/16
网址： www.bhp.com.cn	**印张：** 17.5
电话： 010-82626261	**字数：** 414 千字
传真： 010-62543892	**印刷：** 北京军迪印刷有限责任公司
经销： 各地新华书店	**版次：** 2021 年 4 月 1 版 1 次印刷

定价：98.00 元

前　言

　　装修预算是室内装饰装修工程的核心内容，它作为衔接前期设计和后期施工的中间环节，基本涉及了室内工程的各个方面，也就是说，无论是设计费、施工工价、材料市价，还是硬装材料、软装配饰费用等都可在预算表中呈现。许多初次接触装修预算的人，常常会有繁杂不清的感觉，一方面无法厘清装修预算的内在逻辑，另一方面则常常被装修公司、施工队"忽悠"，多花很多"冤枉钱"。

　　即使是多次接触室内工程的业主也会被装修预算绕晕，这其中的原因在哪里呢？实际上是由于没有掌握装修预算的基本结构所致。

　　一份完整的装修预算通常多达十几页，若将十几页的内容分拆解读，理解起来就轻松不少。装修预算通常按照空间划分，例如客厅、餐厅、卧室、厨房等，每个空间的预算是相对独立的。依次分析每个空间的预算，掌握其中的施工项目和价格也就容易许多了。其实，室内工程不外乎墙、顶、地面等施工内容，对照施工图纸阅读预算表，对预算内容也就一目了然了。

　　当然，想要弄清装修预算，仅仅读懂预算表是远远不够的，还需要了解制定预算表的装修公司，不同类型的装修公司制定的预算方式并不相同，有些按照工程量计算，而有些则按照面积收费。

　　如果想再进一步掌握预算价格，就需要了解材料市场、施工队的价格标准，这样就可以做到心中有数。

　　如果有些业主没有时间和精力去了解这些内容，其实也有掌握装修预算总价的捷径。只要住宅户型和家居风格确定了，那么预算总价的区间也就出来了。往往户型越大，家居风格越繁复，装修预算越高。例如，四室两厅的欧式风格设计，较之两室两厅的简约风格设计，预算总价往往要高出八万元以上。

　　本书作为一本从入门到精通的装修预算书，已包含上述全部内容，能从不同角度帮助有不同需求的读者。读者无论是想了解装修预算的全貌，还是借助本书预算出自家住宅的预算价格，都能从本书获得切实的帮助。

　　由于编者经验、水平有限，在编写中难免会出现一些疏漏和错误，敬请广大读者和同行批评指正。

编　者

目　录
CONTENTS

第一章

住宅装修工程
预算基础

住宅装修工程预算，简称家装预算，是指围绕住宅装饰装修发生的一系列预算支出，其主要内容包括施工预算、辅材预算、主材预算以及软装预算等。在一些高档住宅的装修中，也包括设计预算，即支付给设计师的设计费用。

了解并掌握住宅装修预算需要从预算基础开始，了解预算的基本组成、预算常用术语以及标准预算表。这样有利于全面、准确地理解预算的各项细则。掌握这一部分内容，就可以看懂装修公司的预算报价单，避免因为不懂预算而花费很多"冤枉钱"。同时，掌握了这一部分内容，即使是选择找施工队或者自装，也可以做到自己规划预算，掌控装修资金的分配。

事实上，在装修前期，掌握主动权是一件重要的事情，只有将主动权握在自己的手里，才能和装修公司、施工队或材料商进行平等的沟通。

而装修主动权的核心就是预算基础，懂预算，才能不走"冤枉路"，不花"冤枉钱"；懂预算，才能合理地分配资金，花最少的钱，装出超高性价比的住宅。

1.1 装修预算的组成内容

装修预算不是不分顺序、不分内容堆砌出来的一份预算表，它的内容有着严密的预算逻辑，我们可以通过它的内容逻辑，将预算和装饰装修项目在时间顺序上、施工顺序上一一对应，从而将预算和装饰装修连接起来。通常而言，一份完整的装修预算应由直接费用和间接费用组成，其中直接费用分为人工费和材料费两部分，间接费用分为管理费、利润和税金三部分。

1.1.1 直接费用

直接费用是住宅装饰装修从业人员对装修预算主要内容的一种俗称，是指装修工程中直接用于施工的费用，一般根据施工图纸将全部工程量乘以该工程的各项单位价格得出费用数据。直接费用包含人工费和材料费两部分（图 1-1、表 1-1、表 1-2）。

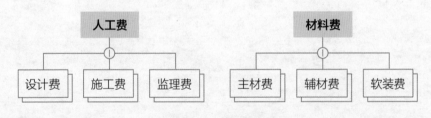

图 1-1　人工费和材料费

表 1-1　人工费的主要内容

设计费	设计师为业主提供设计创意（包括户型改造、材料选用、施工图纸）以及过程服务的费用
施工费	工程的施工费用，包括水暖、电路、泥瓦、木作、油漆、安装以及搬运等方面的费用
监理费	雇用施工监理专业人员的费用，通常独立于装修公司之外，不受装修公司的管辖而直接服务于业主

表 1-2 材料费的主要内容

主材费	主要包括瓷砖、大理石、木地板、套装门窗、橱柜、衣帽柜、壁纸、地暖、中央空调等主材的费用
辅材费	主要包括水泥、河沙、红砖、水管、电线、石膏板、木工板、石膏粉、腻子粉等辅材的费用
软装费	主要包括沙发、床、餐桌、吊灯、吸顶灯、坐便器、浴缸、窗帘、装饰品、电视、冰箱、微波炉等软装的费用

1.1.2 间接费用

间接费用是指装修工程在施工过程中产生的各项费用，它不直接由施工的过程产生，但与装修工程紧密相关。间接费用包含管理费、利润和税金三部分（图 1-2、表 1-3）。

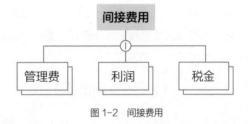

图 1-2 间接费用

表 1-3 间接费用的主要内容

管理费	装修公司用于组织和管理施工行为所需要的费用，包括装修公司的日常开销、经营成本、项目负责人员工资、施工人员工资、设计人员工资、辅助人员工资等。目前管理费收费标准按装修公司的不同资质等级来设定，一般为直接费用的 5%~10%
利润	装修公司作为商业营利企业的一个必然获取项目，一般为直接费用的 5%~8%。利润通常不直观地体现在预算表中，而是平均分布在各项人工费和材料费中
税金	税金是指装修公司在承接工程时缴纳的法定税金。税金的收取标准为直接费用、管理费、利润总和的 3.4%~3.8%

1.1.3 装修预算总报价

装修预算总报价是指直接费用和间接费用相加的总和，具体公式如下所示：

装修预算总价 = 人工费 + 材料费 + 管理费 + 利润 + 税金

通过上述公式，再加上下面的简要计算方法，就可以轻松制作出一份完整的装修预算：

①人工费与材料费之和，即直接费用；②管理费 = ① ×（5%~10%）；③利润 = ① ×（5%~8%）；④合计 = ① + ② + ③；⑤税金 = ④ ×（3.4%~3.8%）；⑥总价 = ④ + ⑤。

上述公式可用于任何住宅装饰装修工程预算报价中。

1.2 装修预算常用术语

在住宅装饰装修从业人员的日常沟通或装修预算表中，经常会出现一些装修术语，未接触过住宅装修的业主往往很难听懂这些术语，影响对装修预算的理解。一方面，不懂装修术语并不会影响工程量和材料的价格，不会导致业主有直接的经济损失；另一方面，装修公司或从业人员会利用这一点，在预算表的细节处"埋雷"，导致装修施工内容和业主的理解不一致，不利于业主后期维权。因此，掌握装修术语不仅有利于看懂预算，也能帮助业主更深入地了解住宅装饰装修的各项细节，避免出现理解偏差。

1.2.1 住宅使用面积

住宅使用面积指住宅中以户（套）为单位的分户（套）门内全部可供使用的空间面积。包括日常生活起居使用的卧室、起居室和客厅（堂屋）、亭子间、厨房、卫生间、室内走道、楼梯、壁橱、阳台、地下室、假层、附层（夹层）、阁楼（暗楼）等面积。住宅使用面积按住宅的内墙面水平投影线计算。

1.2.2 住宅建筑面积

住宅建筑面积指住宅外墙（柱）勒脚以上各层的外围水平投影面积，包括阳台、挑廊、地下室、室外楼梯等面积。

1.2.3 住宅产权面积

住宅产权面积是指产权主依法拥有住宅所有权的住宅建筑面积。住宅产权面积由省（自治区、直辖市）、市、县房地产行政主管部门登记确权认定。

1.2.4 住宅预测面积

住宅预测面积是指在商品房期房（有预售销售证的合法销售项目）销售中，根据国家规定，由房地产主管机构认定具有测绘资质的住宅测量机构，主要依据施工图纸、实地考察和国家测量规范对尚未施工的住宅面积进行一个预先测量计算的行为，它是开发商进行合法销售的面积依据。

1.2.5 住宅实测面积

住宅实测面积是指商品房竣工验收后，工程规划相关主管部门审核合格，开发商依据国家规定委托具有测绘资质的住宅测绘机构参考图纸、预测数据及国家测绘规范的规定对楼宇进行实地勘测、绘图、计算而得出的面积。是开发商和业主办理产权证、结算物业费及相关费用的最终依据。

1.2.6 住宅套内面积

住宅套内空间的面积，以水平投影面积按以下规定计算：

（1）套内卧室、起居室、过厅、过道、厨房、卫生间、厕所、贮藏室、壁柜等空间面积的总和。

（2）套内楼梯按自然层数的面积总和计入套内面积。

（3）不包括在结构面积内的套内烟囱、通风道、管道井均计入套内面积。

（4）内墙面装饰厚度计入套内面积。

1.2.7 套内墙体面积

套内墙体面积是套内使用空间周围的围护或承重墙体或其他承重支撑体所占的面积，其中各套之间的分隔墙和套与公共建筑空间的分隔墙以及外墙（包括山墙）等共有墙，均按水平投影面积的一半计入套内墙体面积。套内自有墙体按水平投影面积全部计入套内墙体面积。

1.2.8 套内阳台建筑面积

套内阳台建筑面积均按阳台外围与住宅外墙之间的水平投影面积计算。其中封闭的阳台按水平投影全部计算建筑面积，未封闭的阳台按水平投影的一半计算建筑面积。

1.2.9 共有建筑面积

共有建筑面积的内容包括：电梯井、管道井、楼梯间、垃圾道、变电室、设备间、公

共门厅、过道、地下室、值班警卫室等，以及为整幢住宅服务的公共用房和管理用房的建筑面积，以水平投影面积计算。共有建筑面积还包括套内与公共建筑之间的分隔墙，以及外墙（包括山墙）水平投影面积一半的建筑面积。

独立使用的地下室、车棚、车库，为多幢住宅服务的警卫室、管理用房，作为人防工程的地下室等不计入共有建筑面积。

1.2.10 装修公司营业执照

营业执照是企业或组织合法经营权的凭证。《营业执照》的登记事项有名称、地址、负责人、资金数额、经济成分、经营范围、经营方式、从业人数、经营期限等等。营业执照分正本和副本，二者具有相同的法律效力。正本应当置于公司住所或营业场所的醒目位置。营业执照不得伪造、涂改、出租、出借、转让。

1.2.11 资质证书及等级

资质是建设行政主管部门对施工队伍能力的一种认定。它从注册资本金、技术人员结构、工程业绩、施工能力、社会贡献等五个方面对施工队伍进行审核，分别核定为 1~4 个级别，取得资质的企业，技术力量有保证。

1.2.12 直营店及加盟店

目前市场上的装修公司主要分为直营店和加盟店两种，前者的管理和资质独立使用，可靠性较强，但收费较高；后者的营业执照及资质证书都是使用总店的，价格相对较低，业主在调查市场时应认真比较。

1.2.13 装修合同甲方

甲方是指住宅的法定业主或是业主以书面形式指定的委托代理人。

1.2.14 装修合同乙方

乙方是指住宅装饰装修工程的施工方，即装修公司。

1.2.15 装修合同违约责任

装修过程的违约责任一般分为甲方违约责任和乙方违约责任两种。甲方违约责任比较常见的是拖延付款时间，乙方违约责任比较常见的是拖延工期。

1.2.16 设计费

目前，不少装修公司开始收取设计费。凡持有人力资源和社会保障部颁发的建筑装修设计等级职称证书和建筑装修协会颁发的设计师从业等级资格证书的设计人员，对家装工程进行设计可收取设计费。根据设计内容的繁简和客户的要求，按实际需要进行设计和出图，设计费应随之浮动。

一般户型的简单设计，若套内装修面积在 80m^2 以内，工程造价在 3 万元以内（含 3 万元）的工程设计按项目收费，每项工程设计费为 500 元。

四层以上复式户型、独栋别墅的高档装修设计，套内装修面积在 80m^2 以上（不含80m^2）的，按套内装修面积并根据负责设计的设计师资格等级收取设计费。设计费标准通常为 20~150 元 /m^2（随设计师的知名度和水平提高，设计费上不封顶）。

1.2.17 材料账

目前，装修材料专卖店、超市很多，只要多逛几家就可掌握市场的真实价格，做到心中有数。然后，让装修公司列出详细的用料报价单，并估算出用量。做到"知己知彼"才能更好地与装修公司议价，并制定出整个装修所需材料的合理预算。

1.2.18 设计账

如果装修以经济实用为主，一般可以自己设计，可请专人制作效果图。如果注重空间的充分、合理利用，追求装修的个性化和艺术品位，最好还是请设计师设计。设计费用一般占装修总费用的 5%~20%，在装修之前就应考虑在预算中。

1.2.19 时间账

装修正式开工前要做的事情很多，如设计方案、用料采购、询价和预算等要做到位，装修前一定要留出足够的时间。前期准备得越充分，正式装修施工速度才能越快，实际花费也就越低。装修自己备料的更要安排好备料的采购顺序，应比装修进程略有提前，以防影响工期。

1.2.20　权益账

　　装修费是装修合同中弹性最大的一部分，与装修公司签订合同时一定要算好权益账。付给装修公司的装修费用应根据装修的难度、技能水平、以往的业绩等具体情况而定。

1.2.21　首期款

　　对于包工包料或半包工程来讲，装修的首期款一般为总费用的 30%~40%，但为了保险起见，首期款的支付应尽量在第一批材料进场并验收合格后支付，否则发现材料有问题，业主就会变得很被动。

　　对于清包工程，装修的费用一般不算多，装修公司一般会要求先支付一部分"生活费"，业主可预先付一部分。清包费用可勤付少付，一定要控制好，以免工程完工前费用就已付清。

1.2.22　中期款

　　装修开始后，个别装修公司会以进材料没钱等为由向业主追要中期款。其实，中期款的付款标准是以木器制作结束，厨卫墙、地砖、吊顶结束，墙面找平结束，电路改造结束为标准的。另外，中期款的支付最好在合同上有所体现，只要合同写明，就应完全按照合同的约定付款和施工。

1.2.23　装修尾款

　　装修公司往往会在装修工程没有完工时就要求业主付清剩余的装修款，业主一定要等装修完成并验收合格后再支付装修尾款。否则，当发现工程质量有问题时，后续维权就会很被动。

1.2.24　"工程过半"

　　从字面上理解，"工程过半"就是指装修工程进行了一半。但是，在实际过程中往往很难将工程进度划分得非常精确。因此，通常会用两种办法来定义"工程过半"：

　　（1）工期过去了一半，在没有增加项目的情况下，可认为工程过半。

　　（2）将工程中的木工活贴完饰面但还没有油漆（俗称"木工收口"）作为工程过半的标志。

一般装修时应当在合同中明确"工程过半"的具体事项，以免因约定不清而影响装修款的支付。

1.2.25 工程分阶段验收

由于住宅装修中包括很多的工程项目，其中一些项目是在另一些项目完成之后才能够进行的，因此有些工程项目就必须进行分阶段验收。一般分为隐蔽工程的验收、饰面工程的验收以及工程总验收，每次验收合格后便支付相应的款项。如果业主的时间比较充裕，还可以把这些验收过程划分得更细一些，如一些基础项目中的泥瓦活，改门、隔断、水电线管的铺设与改装、布线等，还有如地砖的铺设、厨房与厕所的防水处理等等。

1.2.26 竣工验收

住宅装修中的竣工验收是指全部工程完成以后，对所有工程项目进行的一次全面验收。竣工验收建立在分阶段验收的基础之上，前面已经完成验收的工程项目一般在竣工验收时就不再重新验收。竣工验收的依据是装修合同和其所附的设计方案、国家规定的装修标准、行业标准等，待竣工验收合格后，业主支付装修尾款。

1.3 详解装修预算表

装修预算表又被称为装修造价单，装修公司在估算住宅装修预算之后，会将各项费用详细地列在一份约几页的表格中，上面按照住宅空间和施工项目分类，将具体的工价、材料价、施工内容、备注说明记录在其中。

目前装修公司所提供的装修预算表有两种形式，一种是按照施工项目收费，即每项施工内容均标出具体的价格，然后将所有的施工项目价格相加得出总价；一种是按照面积收费，即住宅面积的平方数乘以每平方收费价格得出总价。这两种预算收费方式各有优缺点，但从学习角度来说，前一种预算方式更利于掌握预算的核心内容。因此，本节内容采用施工项目

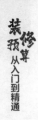

收费预算表进行详细解读。

1.3.1 拆除工程预算表

住宅装修施工的第一项工程是拆除工程，装修公司根据设计好的装修施工图纸对室内的墙体进行拆除，结构拆除完成后，才能进行砌筑、水电、木作、油漆等后续工程。拆除工程的预算支出与其他施工项目相比占比不高，具体如下预算表所示：

编号	施工项目名称	主材及辅材	单位	工程量	单价（元）			合计（元）		备注说明
					主材	辅材	人工	合计	总计	
1	拆除砖墙（12cm、24cm）	砖墙、人工、工具（需提供房屋安全鉴定书）	m²	—	0	0	40~45	40~45	—	房屋鉴定中心鉴定后按实际面积计算
2	拆除木门、木窗	含钢门、钢窗及玻璃门等，工具，人工	扇	—	0	0	14~20	14~20	—	—
3	铲除原墙、顶面批灰（根据实际情况）	工具、人工（铲墙后必须刷环保型胶水）	m²	—	0	0	3.5~4	3.5~4	—	刷环保型胶水费用另计
4	滚刷环保型胶水	墙面满涂刷环保型胶水，工具，人工	m²	—	3.5~3.8	0	1.6~2	5.1~5.8	—	XXX品牌产品
5	打洞（直径4cm、6cm、10cm、16cm）	机器、工具、人工	个	—	0	0	25~80	25~80	—	水管孔、空调孔、吸油烟机孔等
6	开门洞	洞口尺寸850mm×2 100mm以内，工具、人工	个	—	0	0	150~180	150~180	—	超出部分按面积同比例递增

※ 注：此预算表中所有单价均为一时一地之价格，可供参考使用，但不是唯一标准。

1. 详解拆除预算表

（1）拆除砖墙是拆除工程的第一项作业内容，只涉及人工费，因此主材和辅材单价为 0 元，人工价为 40~45 元。需要注意的是，拆除砖墙按照平方米数收费，不按照米数收费。

（2）拆除木门、木窗项目多发生于二手房中，毛坯房通常没有木门、木窗。此项按扇数收费，铲除几扇门，便收取多少费用。

（3）批灰是指毛坯房墙面上的白色涂料，因批灰为建筑施工单位涂刷，产品质量不高且会影响后期装修施工，需要在前期铲除。此项按照平方米数收费。

（4）滚刷环保型胶水可加固墙面，防止墙面出现裂缝，是前期需要投入的一项预算。胶水可由业主提供，施工方提供人工。

（5）打洞和开门洞按个数收费，不同直径大小的孔洞收费标准不同，孔洞越大，收费越高。

2. 工程量计算方法

（1）拆除砖墙：按照单面墙的平方米数计算，以一面 2m×3m 的砖墙为例，工程量为 6m²，而不是 12 m²。

（2）铲除原墙、顶面批灰，滚刷环保型胶水：此两项工程量的计算方法相同，以卧室为例，周长 × 层高 + 顶面长 × 顶面宽 − 门洞面积 − 飘窗面积 = 工程量。

1.3.2　土建工程预算表

土建工程预算表是指室内砌墙、墙地面开槽等施工内容，属于泥瓦工的一部分。这部分施工项目的主材、辅材使用量较多，具体如下预算表所示：

编号	施工项目名称	主材及辅材	单位	工程量	单价（元）			合计（元）		备注说明
					主材	辅材	人工	合计	总计	
1	线管开槽、粉槽	弹线、机械切割、灰尘清理、浇水湿润、成品砂浆粉刷	m	—	4~5	2~2.5	3~6	9~13.5	—	宽度3cm内，每增宽2.5cm增加人工费2元/m
2	混凝土墙顶面线管开槽、粉槽	弹线、机械切割、灰尘清理、浇水湿润、成品砂浆粉刷	m	—	4~5	2~2.5	7~10	13~17.5	—	宽度3cm内，每增宽2.5cm增加人工费4元/m
3	砌墙（一砖墙）	八五砖、地产P.0.32.5等级水泥、黄砂、工具、人工	m²	—	70~79	30~36	40~55	140~170	—	—

编号	施工项目名称	主材及辅材	单位	工程量	单价（元）			合计（元）		备注说明
					主材	辅材	人工	合计	总计	
4	砌墙（半砖墙）	八五砖、地产P.O.32.5等级水泥、黄砂、工具、人工	m²	—	35~45	30~36	35~50	100~131	—	
5	新砌墙体粉刷（单面）	地产 P.O.32.5 等级水泥、黄砂、2cm 以内	m²	—	9.5~11.5	6~7	11.5~13.5	27~32	—	
6	落水管砌封及粉刷	砖砌展开面积不大于40cm宽，成品砂浆，人工	根	—	36~42	45~50	74~88	155~180	—	大于40cm按一砖墙计算

※ 注：此预算表中所有单价均为一时一地之价格，可供参考使用，但不是唯一标准。

1. 详解土建预算表

（1）线管开槽、粉槽，混凝土墙顶面线管开槽、粉槽两个施工项目属于水电施工内容，线管开槽只涉及人工费，但粉槽涉及主材费和辅材费。

（2）砌墙分一砖墙和半砖墙，它们之间的区别是厚度不同，通常一砖墙厚度为 24cm，半砖墙厚度为 12cm。这两项辅材用料相同，主材用料一砖墙的较多，施工难度一砖墙的较大，因此一砖墙的主材和人工单价都要略高一些。

（3）墙体砌筑之后的表面裸露红砖，因此需要粉刷新砌墙体，此项目按照平方米数收费。预算表中为单面墙粉刷价格，若双面墙粉刷需要将价格翻倍。

（4）落水管砌筑主要在卫生间、厨房和阳台三处空间，按照落水管根数收费。以卫生间为例，落水管通常为两根并排在一起，则砌封此处需要按照两根的单价进行计算。

2. 工程量计算方法

（1）线管开槽、粉槽：线管分为电线管和水管两种，按照米数收费。线管的米数只有在现场施工时才能测量得出，因此在前期制作预算时，均采用预估的方式计算。以 80m² 的住宅为例，电线管需要 1 100~1 500m；以 120m² 的住宅为例，电线管需要 1 350~1 950m。同时，还要预估水管米数，以 80m² 的住宅为例，水管需要 60~80m；以 120m² 的住宅为例，水管需要 100~130m。

（2）砌墙（一砖墙、半砖墙）：新砌墙体按照单面墙的平方米数收费，即墙体长 × 墙体高 ＝ 砌墙面积。

1.3.3 水电工程预算表

水电工程的预算项目以电路、给水、排水等为主，预算内容涉及电线、水管等主材，以及电线管、给水管、排水管配件等辅材，另外还有铺设水电路的人工费。这部分预算内容较多，分为三个部分进行解读。

1.3.3.1 电路工程预算表

电路工程预算表主要涉及电线铺设、线管、电线等内容，具体如下预算表所示：

编号	施工项目名称	主材及辅材	单位	工程量	单价（元）			合计（元）		备注说明
					主材	辅材	人工	合计	总计	
1	PVC线管	阻燃PVCφ16管、PVCφ20管排设，含束接、配件	m	—	1.2~1.8	0.4~0.6	2~3	3.6~5.4	—	—
2	照明线铺设	BV1.5mm² 铜芯线	m	—	1.7~1.8	0	1.8~1.9	3.5~3.7	—	—
3	插座线铺设	BV2.5mm² 铜芯线、BV2.5mm² 双色铜芯线	m	—	2.6~2.8	0	2~2.2	4.6~5	—	—
4	空调线铺设	4.0mm² 铜芯线、6.0mm² 铜芯线、8.0mm² 铜芯线、10.0mm² 铜芯线	m	—	4.1~10.8	0	2.2~5.3	6.3~16.1	—	—
5	双频电视线铺设	有线电视线	m	—	5.2~5.7	0	3.8~4.3	9~10	—	—
6	电话线、网络线铺设	四芯电话线、八芯网络线	m	—	2.5~3.9	0	2.5~2.6	5~6.5	—	—
7	暗盒（接线盒）	拼接暗盒，拧紧，螺丝，专用盖板	个	—	3.5~3.6	0.5~0.6	2.8~3.1	6.8~7.3	—	—
8	灯线软管	灯头专用金属软管	m	—	1.5~1.8	0	1.5~1.6	3~3.4	—	—
9	灯头盒	含86接线盒，拧紧，盖板，螺丝	个	—	1.8~2.2	0	2~2.3	3.8~4.5	—	—

※ 注：此预算表中所有单价均为一时一地之价格，可供参考使用，但不是唯一标准。

电路工程预算表具体详解如下：

（1）PVC 穿线管具有绝缘、防腐蚀、防漏电等特点，因此被用于住宅电路中保护电线的管材。PVC 穿线管按照米数计价，总价中含有主材、辅材和人工三部分。

（2）照明线、插座线、空调线等属于强电，它们之间的主要区别体现在电线的粗细上，也就是电线的平方毫米数，有 $1.5mm^2$、$2.5mm^2$、$4mm^2$、$6mm^2$ 等。电线的价格随着平方毫米数的增加而增加，平方毫米数越大的电线，保险系数越高，但也越耗电。

（3）双频电视线、电话线、网络线等属于弱电，同样按照毫米数计价。

（4）暗盒主要用在开关插座上，按照个数计价；灯线软管主要用在筒灯、射灯、吊顶等灯具上，按照米数计价。

1.3.3.2　水路给水工程预算表

水路给水工程预算表主要涉及给水管排设、给水管、水管配件等内容，具体如下预算表所示：

编号	施工项目名称	主材及辅材	单位	工程量	单价（元）			合计（元）		备注说明
					主材	辅材	人工	合计	总计	
1	给水管排设	水管 25mm×4.2mm、水管 32mm×5.4mm	m	—	21.8~37.9	0.6~0.8	6.5~6.8	28.9~45.5	—	—
2	弯头	25 型 45° 弯头、25 型 90° 弯头、32 型 90° 弯头	个	—	7.6~13.2	0	4~4.5	11.6~17.7	—	—
3	正三通	25 型正三通、32 型正三通	个	—	8.5~16.5	0	4~4.2	12.5~20.7	—	—
4	过桥弯头	25 型过桥弯管	个	—	18~19.5	0	4.2~4.5	22.2~24	—	—
5	直接接头	25 型、32 型	个	—	3.8~8.2	0	4.2~4.6	8~12.8	—	—
6	内丝配件	内丝弯头 25×1/2 型、内丝直接 25×3/4 型、内丝三通 25×1/2×25 型	个	—	32~54	0	2.8~3	34.8~57	—	—

编号	施工项目名称	主材及辅材	单位	工程量	单价（元）			合计（元）		备注说明
					主材	辅材	人工	合计	总计	
7	外丝配件	外丝弯头 25× 1/2 型、外丝直接 25×1/2 型	个	—	39~44	0	2.8~3	41.8~47	—	—
8	热熔阀	热熔阀 25 型	个	—	93~96	0	5.3~5.8	98.3~101.8	—	—
9	冷热水软管及安装 30cm	30cm 不锈钢软管、生料带、增加 1.5 元 / 10cm	根	—	8~9	0	3.1~3.3	11.1~12.3	—	—
10	角阀配件及安装	角阀 267（镀锌式过滤网）、生料带、人工	个	—	28~31.5	0	5.2~5.4	33.2~36.9	—	—
11	快开阀配置及安装	快开阀、生料带、人工	个	—	66~68	0	7.2~7.4	73.2~75.4	—	—

※ 注：此预算表中所有单价均为一时一地之价格，可供参考使用，但不是唯一标准。

水路给水工程预算表具体详解如下：

（1）给水管排设是指将给水管按照开槽的线路铺设水管，并区分出冷热水管的位置，一般为左冷右热。给水管排设按照米数计价，总价中包含主材、辅材和人工三部分。

（2）弯头、正三通、直接接头、内丝配件、外丝配件等材料属于给水管配件，其价格因为型号的不同而略有差别。这类配件统一按照个数计价，即统计在实际施工中使用了多少个配件，用个数乘以单价收费。

（3）角阀、快开阀、冷热水软管等主要用于热水器、速热器、洗面盆的连接，这类材料的主材单价较高，按照个数计价。

1.3.3.3　水路排水工程预算表

水路排水工程预算表主要涉及排水管排设、排水管、水管配件等内容，具体如下预算表所示：

编号	施工项目名称	主材及辅材	单位	工程量	单价（元）			合计（元）		备注说明
					主材	辅材	人工	合计	总计	
1	排水管排设	110PVC管、75PVC管、50PVC管	m	—	16~27	4~5	8.2~10.3	28.2~42.3	—	—
2	三通	110三通、75三通、50三通	个	—	7~12	0	2.8~3	9.8~15	—	—
3	弯头90°	110弯头90°、75弯头90°、50弯头90°	个	—	6~9.6	0	2.8~3	8.8~12.6	—	—
4	弯头45°	110弯头45°、75弯头45°	个	—	7.9~9.6	0	2.8~3	10.7~12.6	—	—
5	束接	110束接、75束接、50束接	个	—	5~6	0	2.8~3	7.8~9	—	—
6	管卡	110管卡、75管卡、50管卡	个	—	4.2~4.6	0	2.8~3	7~7.6	—	—
7	P弯	50P弯	个	—	10~12	0	2.8~3	12.8~15	—	—
8	S弯	50S弯	个	—	10~12	0	2.8~3	12.8~15	—	—
9	大小头	50×40大小头	个	—	6~7	0	2.8~3	8.8~10	—	—

※ 注：此预算表中所有单价均为一时一地之价格，可供参考使用，但不是唯一标准。

水路排水工程预算表具体详解如下：

（1）排水管排设主要分布在卫生间和厨房，按照排水管的粗细分为110mm、75mm、50mm直径的管材。110mm排水管主要用于坐便器排水，75mm排水管主要用于排水管主管道，50mm排水管主要用于地漏、洗面盆排水。排水管价格按米数计价，管材直径越大，价格越高。

（2）三通、弯头、束接、管卡等配件主要用于两根或多根排水管的连接，例如90°角连接、45°角连接等等。这类配件按照实际使用个数收费。

（3）P弯、S弯主要用于洗面盆的连接，起到防臭、防异味的作用。通常卫生间有异味的原因就是洗面盆没有接P弯或S弯，导致排水管的异味顺着管道飘进了卫生间。P弯、S弯按照个数计价，一般住宅中使用个数不会超过4个。

1.3.4 厨房预算表

厨房预算表的预算项目以墙地砖和集成吊顶为主，内容涉及瓷砖、铝扣板等主材费，水泥、河沙填缝剂等辅材费，以及泥瓦工等工种的人工费，具体如下预算表所示：

编号	施工项目名称	主材及辅材	单位	工程量	单价（元）			合计（元）		备注说明
					主材	辅材	人工	合计	总计	
1	集成吊顶	300mm×300mm铝扣板、轻钢龙骨、人工、辅料（配套安装）	m²	—	75~110	35~40	25~35	135~185	—	配灯具、暖风另计
2	吊顶卡口线条	收边线（白色／银色）	m	—	25~28	0	3~7	28~35	—	—
3	水泥沙浆垫高找平（铺砖用此项）	P.032.5等级水泥、黄砂、人工、5cm以内	m²	—	17~21	0	10~15	27~36	—	每增高1cm，加材料费及人工费4元/m²
4	墙、地面砖铺贴（辅材及人工）	品牌瓷砖、P.032.5等级水泥、黄砂、人工	m²	—	0	22~28	26~35	48~63	—	斜贴、套色人工费另加20元/m²；小砖另计
5	瓷砖专用填缝剂	高级防霉彩色填缝剂、人工	m²	—	4~6	0	2~4	6~10	—	—
6	墙面花砖	300mm×450mm砖（按选定的品牌、型号定价）	片	—	0	2~3	4~6	6~9	—	主材单价按品牌、型号定价
7	腰线砖	80mm×330mm砖（按选定的品牌、型号定价）	片	—	0	2~3	2~4	4~7	—	主材单价按品牌、型号定价
8	墙砖倒角	机械切割、45°拼角、工具、人工	m	—	0	0	20~35	20~35	—	主材单价按品牌、型号定价
9	厨房不锈钢水槽及水龙头安装	普通型、防霉硅胶、人工（不含主材）	套	—	0	0	80~110	80~110	—	主材单价按品牌、型号定价

※ 注：此预算表中所有单价均为一时一地之价格，可供参考使用，但不是唯一标准。

1. 详解厨房预算表

（1）厨房地砖、墙砖、花砖及腰线砖等瓷砖的市场价格区间较大，因此这部分主材价格不在预算表中显示。在后面的章节中，会具体分析瓷砖的市场价格。

（2）厨房吊顶的材料有铝扣板和PVC扣板两种，这两种材料有防水、防潮的优点。集成吊顶按照平方数收费，主材是扣板，辅材是轻钢龙骨，人工是安装工，价格由这三部分组成。

（3）有些住宅的厨房地面低于其他空间的地面，因此在铺地砖之前需要单独找平。地面找平单独收费，价格由主材和人工组成。

（4）墙、地砖的施工工艺基本相同，因此辅材和人工的单价一致。墙、地砖铺贴按照平方数收费，即厨房的墙、地面面积是多少，便按照多少面积收费。

（5）花砖、腰线砖施工数量较少，因此预算中按照片数收费，铺贴几片花砖，便收几片花砖的价格。

（6）墙砖倒角是指厨房墙砖阳角对接处的工艺处理，此项目只涉及人工费，不需要辅材。

2. 工程量计算方法

（1）集成吊顶，地面找平，地砖铺贴：厨房长 × 厨房宽 = 工程量面积。

（2）墙砖铺贴：厨房吊顶高度通常为2.4m或2.5m，因此墙砖只需铺贴到此高度，节省材料。墙砖铺贴平方米数应为厨房周长 ×2.4m（或2.5m）−（门洞面积 + 窗户面积）/2= 墙砖面积。

1.3.5　卫生间预算表

卫生间预算表的预算项目以墙地砖和集成吊顶为主，内容涉及瓷砖、铝扣板、防水涂料、地漏等主材费，水泥、河沙填缝剂等辅材费，以及泥瓦工等工种的人工费，具体如下预算表所示：

编号	施工项目名称	主材及辅材	单位	工程量	单价（元）			合计（元）		备注说明
					主材	辅材	人工	合计	总计	
1	集成吊顶	300mm×300mm铝扣板、轻钢龙骨、人工、辅料（配套安装）	m²	—	75~110	35~40	25~35	135~185	—	配灯具、暖风另计
2	吊顶卡口线条	收边线（白色/银色）	m		25~28	0	3~7	28~35		

编号	施工项目名称	主材及辅材	单位	工程量	单价（元）			合计（元）		备注说明
					主材	辅材	人工	合计	总计	
3	水泥沙浆垫高找平（铺砖用此项）	P.O32.5等级水泥、黄砂、人工、5cm以内	m²	—	17~21	0	10~15	27~36	—	每增高1cm，加材料费及人工费4元/m²
4	墙、地面砖铺贴（辅材及人工）	品牌瓷砖、P.O32.5等级水泥、黄砂、人工	m²	—	0	22~28	26~35	48~63	—	斜贴、套色人工费另加20元/m²；小砖另计
5	瓷砖专用填缝剂	高级防霉彩色填缝剂、人工	m²	—	4~6	0	2~4	6~10	—	—
6	墙面花砖	300mm×450mm砖（按选定的品牌、型号定价）	片	—	0	2~3	4~6	6~9	—	主材单价按品牌、型号定价
7	腰线砖	80mm×330mm砖（按选定的品牌、型号定价）	片	—	0	2~3	2~4	4~7	—	主材单价按品牌、型号定价
8	墙砖倒角	机械切割、45°拼角、工具、人工	m	—	0	0	20~35	20~35	—	主材单价按品牌、型号定价
9	地面防水（面积按展开面积计算）	通用型K11防水浆料、防水高度沿墙面上翻30cm（含淋浴房后面）	m²	—	52~58	0	8~11	60~69	—	涂刷浴缸、淋浴房墙面不得底于1.8m高
10	淋浴房挡水条	天然花岗石9cm×8cm（配套安装）	m	—	85~100	5~8	15~20	105~128	—	—
11	台盆、马桶、龙头安装	防霉乳白硅胶、工具、人工	套	—	0	0	197~240	197~240	—	主材单价按品牌、型号定价
12	地漏及安装	隔臭地漏（不锈钢）	个	—	38~45	0	10~14	48~59	—	—

※ 注：此预算表中所有单价均为一时一地之价格，可供参考使用，但不是唯一标准。

1. 详解卫生间预算表

（1）卫生间地面防水有两种施工工艺，一种是涂刷防水涂料，另一种是铺设防水布。两种工艺各有优缺点，预算价格上涂刷防水涂料的性价比更高，它也是目前最流行的卫生间防水工艺。地面防水按照平方米数收费，涂刷面积越大，总价越高。

（2）淋浴房挡水条是指淋浴房推拉门下方的大理石，起到截断淋浴房水流到卫生间的作用。挡水条按照米数收费，通常长度不会超过 2.5m。

（3）台盆、坐便器、浴缸等大件卫浴洁具，通常由厂家安排专人免费上门安装。若厂家不包安装，则预算表按照套数收取人工费，一个卫生间内的台盆、坐便器、浴缸为一套。

（4）地漏属于小件五金材料，包括地漏的主材费和人工安装费两部分。卫生间一般需要两个地漏，坐便器附近安装一个，淋浴房安装一个。

2. 工程量计算方法

（1）集成吊顶，地面找平，地砖铺贴：卫生间长 × 卫生间宽 = 工程量面积。

（2）墙砖铺贴：卫生间吊顶高度通常为 2.4m 或 2.5m，因此墙砖只需铺贴到此高度，节省材料。墙砖铺贴平方数应为卫生间周长 ×2.4m（或 2.5m）-（门洞面积 + 窗户面积）/2= 墙砖面积。

（3）卫生间防水：防水要求地面满涂刷，墙面高度 30cm 以下涂刷，淋浴房墙面高度 180cm 以下涂刷。计算公式为卫生间长 × 卫生间宽 + 卫生间周长 ×30cm+ 淋浴房宽度 × 180cm= 防水面积。

1.3.6 阳台预算表

阳台预算表的预算项目以地砖、防水为中心，预算内容涉及瓷砖、防水涂料等主材费、水泥、河沙等辅材费，以及泥瓦工等工种的人工费，具体如下预算表所示：

| 编号 | 施工项目名称 | 主材及辅材 | 单位 | 工程量 | 单价（元） | | | 合计（元） | | 备注说明 |
					主材	辅材	人工	合计	总计	
1	水泥沙浆垫高找平（铺砖用此项）	P.032.5 等级水泥、黄砂、人工、5cm 以内	m²	—	17~21	0	10~15	27~36	—	每增高 1cm，加材料费及人工费 4 元 /m²
2	地面砖铺贴（辅材及人工）	P.032.5 等级水泥、黄砂、人工	m²	—	0	22~28	26~35	48~63		主材单价按品牌、型号定价
3	瓷砖专用填缝剂	高级防霉彩色填缝剂、人工	m²	—	4~6	0	2~4	6~10		

编号	施工项目名称	主材及辅材	单位	工程量	单价（元）			合计（元）		备注说明
					主材	辅材	人工	合计	总计	
4	地面防水（面积按展开面积计算）	通用型 K11 防水浆料、防水高度沿墙面上翻 30cm	m²	—	52~58	0	8~11	60~69	—	—
5	拖把池安装	防霉乳白硅胶、工具、人工	个	—	0	0	45~50	45~50	—	主材单价按品牌、型号定价
6	地漏及安装	隔臭地漏（不锈钢）	个	—	38~45	0	10~14	48~59	—	—

※ 注：此预算表中所有单价均为一时一地之价格，可供参考使用，但不是唯一标准。

1. 详解阳台预算表

（1）阳台地面找平、地砖铺贴以及涂抹填缝剂均按照平方米数收费。

（2）阳台通常兼具洗衣、晾衣等功能，因此地面需要做防水，且防水要沿墙面上翻30cm。阳台防水的收费价格与卫生间防水一致。

2. 工程量计算方法

（1）地面找平，地砖铺贴，涂抹填缝剂：计算公式为阳台长 × 阳台宽 ＝ 工程量面积。

（2）阳台防水：计算公式为阳台长 × 阳台宽 + 阳台周长 ×30cm（上翻高度）＝ 防水面积。

1.3.7 客厅、餐厅、卧室预算表

客厅、餐厅、卧室的预算项目以装饰吊顶、地砖、木地板为主，预算内容涉及石膏板、木地板、瓷砖等主材，木方、轻钢龙骨、水泥砂浆等辅材，以及泥瓦工、木工等工种的人工费，具体如下预算表所示：

编号	施工项目名称	主材及辅材	单位	工程量	单价（元）			合计（元）		备注说明
					主材	辅材	人工	合计	总计	
1	顶面吊饰（平面）	家装专用 50 轻钢龙骨、拉法基石膏板、局部木龙骨	m²	—	44~51	30~33	26~36	100~120	—	共享空间吊顶超出 3m，高空作业费加 45 元 /m²

编号	施工项目名称	主材及辅材	单位	工程量	单价（元）			合计（元）		备注说明
					主材	辅材	人工	合计	总计	
2	顶面吊饰（凹凸）按展开面积计算	家装专用50轻钢龙骨、拉法基石膏板、局部木龙骨	m²	—	52~62	38~42	35~41	125~145	—	共享空间吊顶超出3m，高空作业费加45元/m²
3	顶面吊饰（拱形）按展开面积计算	家装专用50轻钢龙骨、拉法基石膏板、局部木龙骨	m²	—	58~62	42~45	48~57	148~164	—	共享空间吊顶超出3m，高空作业费加45元/m²
4	窗帘盒安制	细木工板基层、石膏板、工具、人工	m	—	26~28	8~9	16~18	50~55	—	—
5	暗光灯槽	木工板、木龙骨、石膏板、工具、人工	m	—	8~10	2~3	15~17	25~30	—	—
6	木地板铺设	面层铺设（含卡件、螺丝钉），木地板龙骨间距为22.75~25cm	m²	—	0	19~22	49~53	68~75	—	主材单价按品牌、型号定价
7	配套踢脚线	木地板配套踢脚线（配套安装）	m	—	25~27	0	4~6	29~33	—	根据具体木材品种定价
8	客厅、餐厅、过道水泥沙浆垫高找平（铺砖用此项）	P.032.5等级水泥、黄砂、人工、5cm以内	m²	—	17~21	0	10~15	27~36	—	每增高1cm，加材料费及人工费4元/m²
9	地砖铺贴（客厅、餐厅）	P.032.5等级水泥、黄砂、人工	m²	—	0	22~28	26~35	48~63	—	主材单价按品牌、型号定价
10	瓷砖专用填缝剂	高级防霉彩色填缝剂、人工	m²	—	4~6	0	2~4	6~10	—	—
11	地砖踢脚线铺设	瓷砖、P.032.5等级水泥、黄砂、人工	m	—	0	5~6	5~9	10~15	—	主材单价按品牌、型号定价

※ 注：此预算表中所有单价均为一时一地之价格，可供参考使用，但不是唯一标准。

1. 详解客厅、餐厅、卧室预算表

（1）装饰吊顶收费分三个层级，按照由易到难排列分别是平顶、凹凸顶和拱形顶。在住宅装饰吊顶设计中，以凹凸顶最为常见，例如叠级顶、井格顶、灯槽顶等。装饰吊顶按照平方米数收费，面积为装饰吊顶的展开面积，以灯槽顶为例，灯槽处内凹的面积也要计入吊顶面积中。

（2）暗光灯槽和窗帘盒属于装饰吊顶的配套项目，按照米数收费。

（3）木地板铺设对施工人员的技术要求较高，因此人工费单价较高；辅材费主要涉及木龙骨、螺丝钉、卡件等材料，单价较低。

（4）卧室踢脚线通常采用和木地板同样材质、颜色的材料，被称为配套踢脚线，按照米数收费。

（5）客餐厅考虑到地面需要具备防刮花、防水浸等要求，通常选择铺贴地砖，并在铺贴之前对地面找平。这两项预算内容是不能省略的，按照平方米数收费。

（6）客餐厅踢脚线与卧室踢脚线不同，需要采用和地砖配套的石材踢脚线，并按照米数收费。

2. 工程量计算方法

（1）装饰吊顶：吊顶需要按照展开面积计算。以客厅吊顶为例，客厅设计带有灯槽的回字形吊顶（即四周吊顶，中间镂空），计算公式为客厅长 × 客厅宽 − 镂空长 × 镂空宽 + 灯槽长 × 20cm（灯槽宽度）= 吊顶展开面积。

（2）卧室木地板：卧室长 × 卧室宽 +（卧室长 × 卧室宽）×5%= 木地板面积。其中5%是指木地板的损耗量。

（3）客餐厅地砖，地面找平，涂抹填缝剂：当客餐厅是连通的空间且形状不规则时，应将客餐厅拆分开单独计算。计算公式为客厅长 × 客厅宽 + 餐厅长 × 餐厅宽 + 过道长 × 过道宽 = 客餐厅面积。

1.3.8　门及门窗套封制预算表

门及门窗套封制的预算项目以套装门、推拉门、窗台石材为中心，预算内容涉及实木门、玻璃推拉门、石材等主材，水泥、河沙、木工板等辅材，以及木工、安装工等工种的人工费，具体如下表所示：

编号	施工项目名称	主材及辅材	单位	工程量	单价（元）			合计（元）		备注说明
					主材	辅材	人工	合计	总计	
1	套装门	模压套装门、实木复合套装门、实木套装门（含五金、含安装）（按客户确认的具体型号定价）	套	—	980~3 500	0	0	980~3 500	—	根据具体型号定价（含五金配件）

编号	施工项目名称	主材及辅材	单位	工程量	单价（元）			合计（元）		备注说明
					主材	辅材	人工	合计	总计	
2	门套安制（单面）	门套（按客户确认的具体型号定价）	m	—	70~84	0	10~16	80~100	—	10cm 以内，超出部分按同比例递增
3	门套安制（双面）	门套（按客户确认的具体型号定价）	m	—	80~94	0	10~16	90~110	—	10cm 以内，超出部分按同比例递增
4	成品推拉门	成品推拉门，型号待定（含安装费）	m²	—	384~762	0	0	384~762	—	厨房、卫生间、淋浴间等推拉门
5	花岗岩（大理石）窗台板	20cm 以内	m	—	102~220	11~14	20~28	133~262	—	根据具体型号定价
6	花岗岩（大理石）窗台板	80cm 以内	m	—	305~466	25~29	45~55	375~550	—	根据具体型号定价
7	窗台板下水泥基层找平处理	80cm 宽以内、人工、成品砂浆	m	—	22~28	0	23~26	45~54	—	30cm 宽以内20元/m、60cm 宽以内30元/m

※ 注：此预算表中所有单价均为一时一地之价格，可供参考使用，但不是唯一标准。

1. 详解门及门窗套封制预算表

（1）套装门按照材质分类共有三种，价格由低到高分别为模压门、实木复合门、实木门。套装门之所以被称为套装，是指它不仅包括门扇，还包括门套、五金等配件。

（2）成品推拉门按照面积收费，每平方米均价从几百元至千元不等，通常由厂家派人上门安装，且免安装费。

（3）门套安制是指为成品推拉门配置的门套，门套的材质、样式与套装门一致，以增加美观度。门套安制费用分为主材费和人工费两类，预算价格因单面和双面有少许的差别。

（4）窗台板分为普通窗台板和飘窗窗台板两种，其中飘窗窗台板用料多、施工难度大，因此预算价格较高。

2. 工程量计算方法

（1）门套安制：套装门高度一般为 2m，推拉门高度一般为 2.2m。以推拉门为例，计算公式为推拉门宽度 +2.2m×2= 单面门套长度。

（2）成品推拉门：计算公式为推拉门宽度 ×2.2m= 推拉门面积。

（3）窗台板：窗台板长度一般比窗户长，多出的部分嵌入墙体，被称为"耳朵"，单侧"耳朵"长度为 8cm。其计算公式为窗户长度 +8cm×2= 窗台板长度。

1.3.9 全屋定制柜材预算表

全屋定制柜材的预算项目以衣帽柜、整体橱柜、鞋柜、卫浴柜等家具柜体为主，预算内容涉及衣柜移门、衣柜板材等主材，五金配件、卡件等辅材，以及安装工等工种的人工费，具体如下预算表所示：

编号	施工项目名称	主材及辅材	单位	工程量	单价（元）			合计（元）		备注说明
					主材	辅材	人工	合计	总计	
1	定制衣帽柜	定制柜体板材、五金配件	m²	—	280~560	20~26	35~42	335~628	—	主材单价按品牌、型号、材质定价
2	定制衣柜移门	木质移门、玻璃移门、雕花移门	m²	—	350~700	0	0	350~700	—	主材单价按品牌、型号、材质定价
3	定制鞋柜	定制柜体板材、五金配件	m²	—	260~450	14~19	26~33	300~502	—	主材单价按品牌、型号、材质定价
4	定制酒柜	定制柜体板材、五金配件	m²	—	270~540	20~26	35~42	325~608	—	主材单价按品牌、型号、材质定价
5	整体橱柜	地柜、大理石台面、吊柜、柜体五金	延米	—	1580~2470	0	0	1580~2470	—	主材单价按品牌、型号、材质定价
6	定制卫浴柜	定制柜体板材、五金配件	m²	—	260~450	14~19	26~33	300~502	—	主材单价按品牌、型号、材质定价

※ 注: 此预算表中所有单价均为一时一地之价格，可供参考使用，但不是唯一标准。

1. 详解全屋定制柜材预算表

（1）全屋定制中的衣帽柜、鞋柜、酒柜等柜体，通常厂家免运输费、安装费。厂家提供给业主的全屋定制预算中，只列有柜体的每平方米总价，将安装费和辅材费汇入了主材费中。

（2）全屋定制中的柜体移门单独按照平方米数收费，根据选用材质的不同，例如玻璃、实木雕花、百叶门等，价格也有较大的变化。

（3）整体橱柜按照延米收费，所谓延米是指立体的计量单位，而米则是平面的计量单位。每延米整体橱柜含有地柜、吊柜、台面和柜体五金等材料，因此每延米价格较高。

（4）全屋定制实际上不仅含有柜材，也可定制玄关、餐桌、床、沙发等木质家具。但此类材料市场价格浮动较大，不纳入预算表中。

2. 工程量计算方法

（1）定制柜体（衣帽柜、鞋柜、酒柜、卫浴柜）：定制柜体有两种面积计算方式，分别是按照投影面积和展开面积进行计算。投影面积是指柜体长度 × 高度＝柜体面积（厚度在60cm以内）；展开面积是指柜体上每一块板子面积的总和，这种面积计算方式较为麻烦，但主材单价相对较低。

（2）整体橱柜：以长度3m的橱柜为例，计算公式为1 580（橱柜单价）×3m＝橱柜总价。

1.3.10　涂料、壁纸工程预算表

涂料、壁纸工程的预算项目以墙面漆、壁纸、柜体漆等为主，预算内容涉及乳胶漆、壁纸、硅藻泥等主材，石膏粉、腻子粉等辅材，以及油漆工等工种的人工费，具体如下预算表所示：

编号	施工项目名称	主材及辅材	单位	工程量	单价（元）			合计（元）		备注说明
					主材	辅材	人工	合计	总计	
1	墙、顶面乳胶漆	环保乳胶漆、现配环保腻子、三批三度①、专用底涂	m²	—	10~25	13~18	17~22	40~65	—	批涂加3元/m²、彩涂加5元/m²、喷涂加3元/m²
2	壁纸	壁纸、壁纸胶（含人工费）	m²	—	69~104	8~11	3~5	80~120	—	主材单价按品牌、型号、材质定价
3	硅藻泥	品牌硅藻泥	m²	—	180~340	0	0	180~340	—	根据不同花型，主材相应提高定价
4	家具内部油漆（清水）	绿色环保型高耐黄木器漆、两遍	m²	—	10~15	6~9	19~23	35~47	—	—

※ 注：①三批三度是指批腻子三遍，刷乳胶漆三遍。
　　　此预算表中所有单价均为一时一地之价格，可供参考使用，但不是唯一标准。

1. 详解涂料、壁纸工程预算表

（1）乳胶漆的主材费、辅材费和人工费对比，人工费是最高的，这是因为涂刷乳胶漆的施工难度较大，工艺较为复杂。因此，涂刷乳胶漆的重点一是注意漆材的环保性，二是注意施工人员的工艺水平，这两点会影响墙面完工后的呈现效果。

（2）壁纸在厂家处通常按照卷数计价，但装修中则按照面积计价，一卷壁纸有 5.3m²，也就是说一卷壁纸通常可以粘贴 5m² 左右的墙面。

（3）硅藻泥是一种环保型墙面材料，有多种花型样式且颜色可选，施工花型越复杂，相应地单价越高。硅藻泥只有主材费，没有辅材费和人工费，选好硅藻泥型号后，厂家会安排专人免费涂刷。

（4）家具内部油漆涂刷是指木工在施工现场制作柜体，会在柜体内部涂刷清水漆，这样可增加柜体表面的光滑度。

2. 工程量计算方法

（1）墙、顶面乳胶漆：墙、顶面乳胶漆需要分空间计算工程量，以三室两厅住宅为例，需要单独计算客厅、餐厅、三个卧室、过道的乳胶漆面积，然后再相加求和。单个空间（以卧室为例）乳胶漆面积计算公式为卧室长 × 卧室宽 + 卧室周长 ×2.75m（层高）-（门洞面积 + 窗户面积）/2= 卧室乳胶漆面积。

（2）壁纸、硅藻泥：计算壁纸、硅藻泥的面积需要去除吊顶的面积，以层高 2.8m 的住宅为例，去除吊顶后的高度为 2.55m。因此，计算公式为墙面长度 ×2.55m= 壁纸、硅藻泥面积。

1.3.11　工程直接费用、间接费用预算表

工程直接费用、间接费用预算表主要以间接费用的预算项目为主，计算出间接费用总价，再加上直接费用得出预算总造价，具体如下预算表所示：

编号	施工项目名称	主材及辅材	单位	工程量	单价（元）			合计（元）		备注说明
					主材	辅材	人工	合计	总计	
工程直接费用										
1	直接费用	材料费＋人工费						—		拆除工程、土建工程、水电工程、厨房、卫生间、阳台、客餐厅及卧室、门及门窗套、全屋定制柜材、涂料壁纸工程的总和

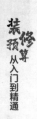
编号	施工项目名称	主材及辅材	单位	工程量	单价（元）			合计（元）		备注说明
					主材	辅材	人工	合计	总计	
	工程间接费用									
1	施工垃圾清运费	直接费用×1.5%	项						—	搬运到物业指定位置（外运另计）
2	施工材料运输及上楼费	直接费用×1%（每层加0.3%）	项						—	十楼以下有电梯使用的，每加一层加0.1%上楼费用；十楼以上有电梯使用的，每加一层加0.05%上楼费用
3	施工管理费5%	直接费用×5%	项						—	施工管理费收费区间为5%~8%
4	室内环境卫生保洁费	（专业保洁公司保洁：2.8元/m²）（按建筑面积计）	m²	—				2.8	—	
5	室内空气环境治理监测费	省市环境室内治理监测中心，确保达标（按建筑面积计）	m²	—				15~20	—	
	工程总价									
1	总造价	直接费用＋间接费用							—	—

※ 注：此预算表中所有单价均为一时一地之价格，可供参考使用，但不是唯一标准。

工程直接费用、间接费用预算表具体详解如下：

（1）每个工种从进场施工到离场，都会在施工现场留下大量建筑垃圾，其中以拆除和土建工程建筑垃圾最多。垃圾清运是为了保证施工现场的干净和有序，并对已完成的施工项目起到保护作用。

（2）室内空气环境治理监测费除了按照建筑面积收费外，还有一种收费模式是计算监测点，室内监测几个空间，便收取几个监测点的费用，平均一个监测点收费标准在500~650元之间。

（3）工程总价是指住宅硬装需要花费的总价，住宅硬装是指为了满足住宅的结构、布局、功能、美观等需要，添加在建筑物表面或者内部的固定且无法移动的装饰物。在一般情况下，硬装预算支出占住宅预算总支出一半以上，因此这部分的预算内容需要仔细了解。

1.4 装修资金的分配原则

住宅装饰装修分为两部分，一部分是硬装，包括拆改、水电、泥瓦、木作、油漆等施工项目的人工费和材料费；另一部分是软装，包括沙发、床、窗帘布艺、电视、冰箱、装饰品等家具、家电项目。规划装修资金，应当掌握这两部分的比例，若硬装资金支出过多，会影响家具、家电的质量；若软装资金支出过多，则难保水电、泥瓦等项目的施工质量（图1-3）。

> 软装、硬装的资金支出需要寻找到平衡点。这里的平衡点不是指硬装和软装资金支出比例相等，而是指根据不同家庭的侧重点来实现倾斜，例如在硬装上多分配一部分资金，那就要相应地减少在软装上的资金支出

图1-3 软装和硬装

硬装和软装的资金支出比例应视具体情况而定。以"轻装修、重装饰"为例，在硬装环节，应减少木作、泥瓦等项目的工程量以缩减硬装的支出，将节省下来的经费用在家具、布艺饰品上，通过软装的搭配，提升住宅空间的美观度。以欧式、美式、中式等家居风格为例，在硬装环节，应增加木作项目的工程量，如电视背景墙、餐厅主体墙造型，如吊顶中的欧式雕花、中式实木线条等，使硬装效果奢华、大气。在后期的软装部分，减少布艺饰品，缩减软装支出。

1.4.1 硬装资金分配比例

住宅硬装资金可分为人工费和材料费两部分，随着近年来从事住宅装饰装修专业施工人员的减少，人工费在成反比地逐年增加。另外，全屋定制、木地板、木门、瓷砖、墙漆等材料也都是硬装支出大项（图 1-4）。

（1）施工人员的人工费占比较大，约为 35%。这里的人工费涵盖了拆改、水电、泥瓦、木作和油漆等所有施工项目的人工费。在未来，人工费将会越来越高，高到需要自己动手施工才划算的程度（欧、美等国目前已经发展到这个阶段）。

（2）全屋定制柜体（含衣帽柜、鞋柜、酒柜等）、套装门、整体橱柜占比约为 25%。

（3）木地板、瓷砖、石材、乳胶漆、壁纸、硅藻泥等主材占比约为 15%。

（4）电线、水管、水泥、河沙、石膏粉、腻子粉、木龙骨、石膏板等辅材占比约为 10%。

（5）坐便器、花洒、浴室柜、镜子、洗面盆、龙头、地漏、开关插座、照明筒灯等卫浴洁具和五金配件占比约为 10%。

（6）设计费、监理费占比约为 5%。设计费是指支付给设计师的费用，监理费是指业主雇用独立于装修公司之外的监理的费用。

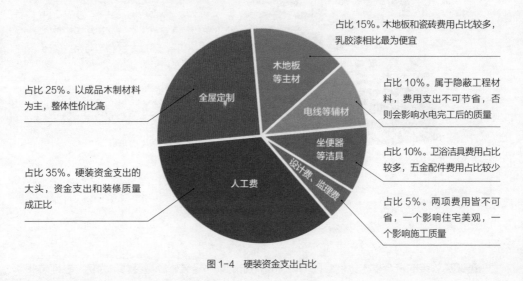

图 1-4 硬装资金支出占比

1.4.2 软装资金分配比例

在软装资金支出中，家具和家电占比较大，这两部分的费用投入不能一味地追求性价比，考虑到此类软装属于消耗品，日常的使用会损耗它们的使用寿命，因此购买时要格外注意质量（图 1-5）。

（1）沙发、茶几、餐桌椅、床、电视柜、书桌、书架等大件家具占比约为 40%。购买这类家具时需注意设计风格的统一性，往往在同一处商家购买会获得额外优惠。

（2）电视、冰箱、空调、洗衣机、热水器、微波炉、吸油烟机、燃气灶等家电占比约为 40%。

（3）吊灯、吸顶灯、筒灯、射灯、台灯、暗光灯带等灯具占比约为 10%。

（4）窗帘、床品、地毯、桌布、抱枕、沙发垫等布艺织物占比约为 7%。

（5）装饰画、工艺品、摆件等装饰工艺品及植物占比约为 3%。

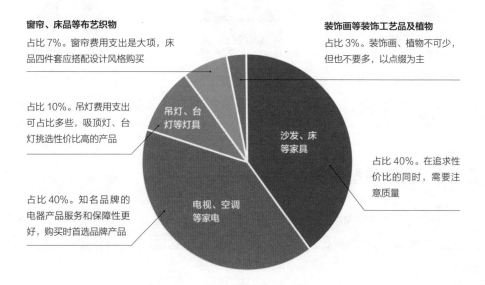

窗帘、床品等布艺织物

占比 7%。窗帘费用支出是大项，床品四件套应搭配设计风格购买

占比 10%。吊灯费用支出可占比多些，吸顶灯、台灯挑选性价比高的产品

占比 40%。知名品牌的电器产品服务和保障性更好，购买时首选品牌产品

装饰画等装饰工艺品及植物

占比 3%。装饰画、植物不可少，但也不要多，以点缀为主

占比 40%。在追求性价比的同时，需要注意质量

图 1-5 软装资金支出占比

1.4.3 不同装修档次的资金分配

住宅装修是一项综合工程。它有许多未知的因素存在，也有不同的档次之分，这就需要给装修公司一个布局、规划的时间（约一周时间），以便根据不同的装修档次确定出一套适合业主的方案和预算。如果是简单装修，对木地板、乳胶漆、墙地砖、胶合板等基础大项材料进行专项了解，核算出的价格就基本是总造价的主体了；如果是高档次的装修，除了基础项目外，还要留出一定空间让设计师从美学的角度进行细化设计。

一般来说，每平方米（建筑面积）装修造价在 300 元以内时，装修时不可盲目追求品牌，应尽量做到经济实用，这样才能省钱。

每平方米（建筑面积）装修造价在 300~500 元时，材料可以使用品牌产品，但要注意搭配，并尽量选择简约风格。

每平方米（建筑面积）装修造价超过 500 元时，可以小小地"奢华"一下。

每平方米（建筑面积）装修造价超过 1 000 元时，尽管选择余地较大，但最好有一个控制比例，这样才不至于超支。一般来说，房屋面积越大，在橱柜上的花费比例相对较小，而木门、地板及厨卫墙地砖的花费比例则相对较大。

TIPS

不同装修档次中人工费和材料费的占比

中档偏下装修

中档装修

高档装修

人工费占比约 70%
材料费占比约 30%

人工费占比约 55%
材料费占比约 45%

人工费占比约 55%
材料费占比约 45%

1.4.4　合理分配有限资金的方法

俗话说得好："好钢用在刀刃上。"当手头的装修资金有限时，就需要精打细算，合理地分配各项资金。客厅和卧室、顶面和地面的装修和装饰，不能"一视同仁"，要分清主次轻重。

1. 这样考虑装修和装饰

如果在几年之后有可能再次乔迁或换更大的房子，那就要考虑"重装饰，轻装修"，即设计时要注重用装饰来提高家居的档次，而相对减少对顶面、墙面和地面的装修，以及卫浴洁具的安装乃至阳台的封装等。因为装修的东西大多都无法带走，把有限的预算投在家具和饰品上，这样，搬家的时候还可以带走。

另外，装修的手段毕竟有限，无法满足个性化家居的设计要求。而风格各异、款式多样的家具和家居装饰品，却可以衍生出更多种家居风格。

2. 增加客厅设计，减少卧室装饰

首先要考虑的是客厅和卧室的装修预算。目前大客厅、小卧室的样式越来越多，在这种情况下，就可以在卧室的装修中少花一些钱。客厅除了用来接待客人之外，更多的功能还是用来举行家庭聚会、娱乐，同时客厅的装修更能体现出家庭的特色。相反，卧室功用相对简单，以温馨为主。

3. 顶面、墙面和地面的费用支出

对于净高比较低的房间，在房间顶部的处理上以简单为宜，这样不会产生压抑感。对于家具比较多的房间，墙面的装修可以简单处理，因为墙面的大部分，尤其是墙裙会被家具挡住。

这里可以借鉴"主题墙"的办法：即确定房间的一面墙为"主题墙"，在这面墙上，采用各种装饰手法来突出整个房间的风格，其他墙面则可简单处理。这样做不仅节约了经费，而且效果更佳。

对于地面的装修，则是需要下功夫的地方。因为地面装饰材料的材质和颜色，决定了房间的装饰风格，而且地面的使用频率明显高于墙面和顶面，所以要使用质地和颜色都较好的材料。

4. 厨房和卫生间的预算不能省

厨房在日常生活中非常重要，彻底改变以往对厨房持有的旧观念，在舒适的环境中从事家务更能提高生活的舒适感。因此在厨房的装修上需要下一番功夫：厨房是管线最多的地方，同时不会有很大的变动，因此这里可以多投入一部分资金，把厨房设计得美观、大气。另外，质量好、样式美观的厨房家具可增加使用厨房的舒适度。

卫生间的装修通常存在着同样的情况，在工作之余驱除一天的疲劳时，一间宽敞的淋浴房和一款精致的浴缸往往可以给人带来身心的放松，因此需要格外重视卫生间的装修和布置。许多卫生间的通风和采光都很差，这一块的预算支出不能省，要选用通风效果好的设备来增加卫生间的换气。

1.5 装修费用的快速估算方法

在住宅装修的前期规划阶段，需要粗略地估算装修总造价，以便合理地分配资金。为了方便估算装修费用，可以将装修预算分为五项，分别是设计费、人工费、材料费（主材和辅材）、家具软饰和电器。然后将设计费、人工费和材料费合并为基础装修，它和后面两项的比例应满足下式：

$$基础装修：家具软饰：电器 = 5：3：2$$

这个比例是众多设计师、装修从业人员所公认的，适合大多数人的预算分配比例。

1.5.1　预估预算应该做减法

现在很多预算表是做加法，即从一块砖、一桶漆开始做预算，把小项目的预算累计起来，然后得出总预算。其实这个方法并不好，不确定因素较多，而且很麻烦，算到最后往往会超出总预算，所以应该换个思路：根据家庭资产估算出能承受的总费用，再一步步做减法。

装修是个性化服务，但家具和电器是成品，提前定下大件家具、电器就能确定家具和电器部分的预算是否充足。总预算减去这部分费用，剩下的装修费用就很明确了。

把家具、家电先定下来的意思不是先付款购买，而是了解价位或者先订货。后续设计也可以根据家具、家电样式定插座位置和家居风格。

根据这个思路，把主材、家电设备、家具软饰从大到小细化到项，可以上网查询或者去建材市场了解价格，先把最看重的部分预定下来，将费用逐项填入表格里，逐项做减法，就能做出一份精细的预算表了。

1.5.2　巧留备用金

估算出装修总造价后，在总造价中最好再留出 20% 作为备用金。事实上，装修施工是一个漫长的过程，某些地方如果想装修得更高级些，或者看中了非常喜欢但是超出一点预算的家具，在这个时候就可以动用 20% 的备用金来应对了。

举例来说，如果总预算是 30 万元，扣除 20% 的备用金，那么实际装修时的初步预算就以 30×（1-20%）=24（万元）为准。

其中基础装修费用占 24×50%=12（万元），家具软饰占 24×30%=7.2（万元），电器设备占 24×20%=4.8（万元）。根据这个资金比例去装修，就能实现不超支。

当然，这个比例也不是一成不变的，可以根据自己的需求灵活调整。

第二章

装修公司的
预算规则

　　装修公司是由集体或私人以法人代表身份在工商管理部门和国家行业管理部门进行注册的营利性商业单位，是从事室内装饰工程、材料销售运输及物业管理等多种经营项目的法人单位。

　　首先，装修公司的预算规则，是指预算表的预算内容、装修费用计算方式、合同结款方式等等。也就是说，首先要清楚装修公司的收费标准，主要有按照施工项目收费和按照每平方米价格收费两种。对初次接触住宅装修的业主而言，装修公司提供的每平方米报价单更容易理解，因为报价单的内容简单易懂；有一定住宅装修经验的业主，装修公司提供的施工项目收费报价单更容易弄清是否有遗漏项目、是否多收费等关键问题。

　　其次，要对装修公司的合同范本有一定的了解，熟悉里面的条款，装修费用的结算周期等，保障业主的合法权益。

　　此外，还需了解装修公司擅长的施工方式，例如有些装修公司擅长做全包，有些装修公司擅长做清包。擅长做清包的装修公司，全包材料的性价比不一定高；擅长做全包的装修公司，可能对工地、工人疏于管理，影响施工质量。了解了这些，就会明白与其找知名装修公司，不如找最适合自己的装修公司，这样才能做到以合理的预算支出，得到良好的施工质量，用到质量上乘的装修材料。

2.1 装修公司的类型

装修公司类型多样，如连锁店、设计工作室等，不同类型的装修公司擅长的装修领域不尽相同，需要对其优缺点有所了解。

2.1.1 连锁店型装修公司

一般来说，连锁店型装修公司全国各地都有其分店，给人一种公司规模庞大的感觉。其实不然，这种类型的装修公司大多属于加盟性质，有相同的公司名，却各自相互独立。不同的装修公司之间往往拥有不同实力的装修队伍，其施工质量高低、设计水平好坏不具备可参考性。因此不能盲目相信连锁店规模带来的繁荣假象。

优点	缺点
✍ 公司服务周到，关心业主。施工一般较为集中，且施工质量好	✍ 因为没有明确的管理体系，往往导致后期施工拖延。设计师水平不高

2.1.2 龙头型装修公司

有些装修公司属于行业内的龙头企业，拥有庞大的规模与专业的设计团队。其对于施工队伍管理，有明确、细致的规章制度。这类装修公司集家居展示、施工展示于一体，方便业主对于装修的了解，使业主较为放心。但其高昂的装修费用与设计师冷漠的服务态度令人望而却步。

优点	缺点
✍ 施工队伍工作质量较高，设计师水平高；科学化的管理，减少业主的装修烦恼	✍ 装修价格高昂

2.1.3 设计工作室

设计工作室采用以设计为主、施工为辅的运营方式，多是由设计经验丰富、行业工作时间久的设计师建立。其在设计上有独到的见解，可以提供符合家庭格局的设计方案，化解户型难题。但其设计费用高昂，适合对设计有高要求的人群。其施工队伍可信赖度高，一般是设计师常年合作的施工队伍。因为大多数设计工作室制度不健全，所以审核预算时应细心。

优点	缺点
🖉 有丰富的设计经验与设计手法，可以打造业主理想中的住宅空间	🖉 设计费用高昂，施工队伍工作能力较难界定

2.1.4　一站式装修公司

这类装修公司不强调设计，而是采用全部模式化的家居设计。例如，客厅间有成品的电视墙、固定吊顶造型、几种可供选择的沙发组合，餐厅、卧室及其他空间都采用这种方式。这种运营方式可以给业主提供更直观的家庭装修效果，实景的展示空间一目了然。但在这种方式下会产生雷同的家居空间，使空间失去设计的灵活性与唯一性，适合对设计要求不高、希望施工简化的人群。

优点	缺点
🖉 可以直观地感受到住宅装修的设计效果，简化施工方式，减少业主的烦恼	🖉 千篇一律的设计，缺乏设计的唯一性与灵活性，缺少品位

2.1.5　租用写字楼的小型装修公司

这种类型的装修公司往往主动探寻业主需求，因此，设计服务较为贴心，注重业主心理感受。但其公司构架简单，解决问题比较随意。设计水平受限于设计师的个人经验。施工水平应以真实的施工户型为标准。在签订施工合同时，应划分好责任，避免施工过程中出现无法协调解决的问题。

优点	缺点
🖉 公司服务热情，关心业主。施工比较集中，工期较短，且施工质量优秀	🖉 公司没有明确的管理体系，容易导致后期施工拖延。设计师水平不高

2.2 装修公司的几种承包方式

装修公司通常有四种承包方式，分别是全屋整装，包含室内所有的施工项目和家具、软装配饰；全包，包含室内所有的施工项目，但不含家具、软装配饰；半包，包含室内基础工程的施工项目，不含瓷砖、地板、木门等主材；清包，包含室内所有施工项目的人工，不含所有材料，小到一颗螺丝钉也需要业主提供。

2.2.1 全屋整装

全屋整装是住宅装饰装修行业提出整体家装之后衍生出的一种全新装修模式，开创了泛家装服务新内涵。其整合了装修材料、基础施工、软装配饰、设计安装、定制家具以及入住前开荒保洁等入住必备服务项目，用户仅需购置家电和生活用品即可实现入住，可以说是真正意义上的"拎包入住"。

所谓的全屋整装实际上是把硬装、软装、定制家具、电器等整合到一起，一次性解决客户的所有需求。这种承包方式的好处体现在以下三方面：一是保证了住宅的设计风格、家具风格和软装风格的统一，解决了装修完成后效果与前期设计效果不统一的问题；二是节省了业主的时间，业主不需要为了选购家具、搭配软装反复地逛建材市场；三是购买家具、电器、软装配饰的价格有较大的优惠，装修公司从厂商处直接购买家具、电器等材料从而省去了中间费。

优点	缺点
公司服务热情，关心业主。施工比较集中，工期较短，且施工质量优秀	公司没有明确的管理体系，容易导致后期施工拖延。设计师水平不高

2.2.2 全包

全包也被称为包工包料，它是指将购买基础材料、主材的工作委托给装修公司，由其统一报出装修所需要的主材费用和人工费用。如果客户没有时间，总的预算又在自己可控范围之内，则只需选择一家信誉、水平较高的装修公司，并在装修合同中明确双方的权、责即可。一般来说，这种方式最省时间，但是费用相对较高。

这种装修方式省事省力，可为业主省去很多麻烦。装修公司常与材料供应商打交道，因此装修公司都有自己固定的供货渠道以及相应的检验手段，很少买到假冒伪劣材料，这是装修的质量保证。

当然也有一些经验不足或者不规范的装修公司滥竽充数，用劣质材料欺骗业主，因此业主一定要选择正规、有信誉的装修公司，并且最好请一个专业的监理监工。

优点	缺点
✐ 可节省业主大量的时间和精力；所购材料基本上均为"正品"	✐ 容易产生偷工减料的现象；装修公司在材料上有较大的利润空间

2.2.3 半包

半包也被称为包工包辅料，它是指业主自备装修的主要材料，如地砖、釉面砖、涂料、壁纸、木地板、洁具等，然后由装修公司负责装修工程的施工和辅助材料（如水泥、砂子、石灰等）的采购，业主只要与装修公司结算人工费、机械使用费和辅助材料费即可。

对于有一定时间，也更相信自己的业主，可以将主材的选购权掌握在自己手里。在购买主材时，施工方可以推荐商家，但是购买与否，决定权在业主。至于一些辅料，由于比较耗费时间，因此可以委托给施工方购买，业主只需监控即可。这种方式是目前家居装修承包中最为普遍的一种。

采用这种方式进行装修，业主需要对装饰主材有一定的鉴别能力，有较充裕的时间和精力。

优点	缺点
✐ 可节省部分时间和精力，对主材的把握可以满足一部分业主"我的装修我做主"的心理，避免装修公司利用主材获利	✐ 辅料以次充好，偷工减料。如果出现装修质量问题常归咎于业主自购主材

2.2.4 清包

清包也被称为包清工，它是指业主自己购买材料，装修公司只负责施工。

对于时间充裕，而且对装修较懂的业主来说，可以只把硬装修中的人工承包出去，所有材料都由业主亲自选购。这种方式非常耗费业主精力，对于非专业人士来说，其最终效果并不一定理想。

如果业主对材料有充分的了解，则可以选择这种方式。但千万要注意：一定要花大量时间先熟悉市场，把握每一种材料的用量，并遵循宁少勿多的原则，严格掌握工地材料用量，把握各施工项目的工程量。

优点	缺点
可准确掌控材料预算费用，装修公司材料零利润。并可买到最优性价比材料，极大满足自己动手装修的愿望	耗费大量时间掌握材料知识，容易买到假冒伪劣产品，并且会陷入无休止的砍价而导致身心疲惫。装修质量问题可能会全部归咎于业主，装修公司不负责任

2.3　全屋整装的预算要点

全屋整装的预算主要包括基装、主材、全屋定制、软装和电器等五个部分，这五个部分基本涵盖了住宅装修前、中、后期所有项目的硬装和软装。对于业主来说，全屋整装的预算是涵盖内容最广、项目最全的预算表，也是前期规划的装修资金和最终完成时的总资金支出差距最小的预算表（图2-1）。

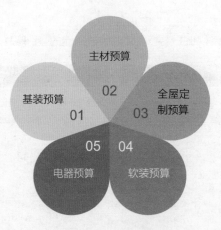

图2-1　全屋整装的预算要点

2.3.1　基装预算要点

基装是指住宅基础装修，分为基础施工项目人工费和辅材材料费两部分。全屋整装的基装内容一般只涉及最基础的施工项目，如必要的水电改造、墙漆砌筑和拆改、厨卫墙地面的泥瓦人工和墙顶面的乳胶漆等等。这部分预算内容，需要注意人工费单价和辅材单价是否和装修市场上的平均单价一致，因为全屋整装的预算内容较多，业主在查看的过程中容易疏忽细节价格，若装修公司利用这一点提高了部分基装的单价或工程量，对业主而言是较大的损失。

2.3.2 主材预算要点

全屋整装的主材相比市场中同品牌的主材单价要有部分优惠，因为装修公司直接和品牌商合作，节省了中间费。但查看主材部分的预算时要注意以下几点：

（1）主材的质量等级是否符合标准。以木地板为例，同品牌同型号的木地板有合格品、一等品、优等品之分，合格品的技术要求较低，而一等品的技术要求则较高，优等品质量最好。在全屋整装预算表中，需要注意材料的这些细节说明，避免支出的主材费用与主材质量不对等。

（2）主材的品牌。一般来说，知名度越高的品牌，质量越可靠；而那些普遍和三四线品牌合作的装修公司，其提供的主材质量很大程度上有缺陷。

（3）主材价格与市场价格的差别。若装修公司提供的主材价格和市场价格一致，说明装修公司没有提供优惠，这时业主可自己选择市场上的主材。

（4）材料展示区内的主材丰富度。装修公司的规模和材料展示区的大小成正比，装修公司合作的主材品牌越多，说明装修公司的规模越大，装修质量和预算值得信赖。

2.3.3 全屋定制预算要点

全屋整装的核心内容是全屋定制的项目，包括定制柜体、定制家具、定制墙面造型等等。全屋定制项目以木制材料为主，例如木床、木制餐桌、木制墙板等等。当然全屋定制项目也涵盖石材、玻璃、金属等材料，这类定制项目有其共同点，即工厂加工、批量生产、安装便捷。当查看全屋定制预算时，需要注意以下几点：

（1）定制材料价格是否统一。例如衣帽柜、鞋柜、酒柜等定制柜体，柜体板材的价格应当是统一的；餐桌、沙发的价格差距不能超过两千元，若定制家具之间的价格差距过大，说明某款产品的价位是虚高的。

（2）定制墙面造型是否符合自家的户型。全屋定制的另一个含义是可复制的，即一款定制电视墙，可以运用到多个住宅项目中。需要注意的是，不同户型之间，墙面的宽度、高度是不同的，若定制墙面造型没有依据实际户型设计，报价出来的价格是不准确的，其引起的隐患是业主在后期要"增项"，即另外增加费用，或前期便多支付了费用。

（3）定制材料的纹理、颜色、样式是否统一。全屋定制的优势体现在设计的统一性上，若前期预算相同，但后期在用材、用料方面出现了色差等问题，将会严重影响住宅装修完成的美观度。

2.3.4　软装预算要点

软装是全屋整装预算中非常重要的一环，内容包括床品、窗帘、地毯等布艺织物，装饰画、工艺摆件等装饰品，吊顶、吸顶灯、筒灯等灯具。在全屋整装的预算表中，软装的费用占比约为20%，有如下几个要点需要注意：

（1）装饰品的价格是否高于市场价。装饰品可以说是装修公司全屋整装预算中利润最高的一个环节，因为其他项目的市场价格几乎是透明的，但装饰品则不然，一款工艺精致、造型奇特的工艺摆件，既可以售价几百元，也可以售价几千元、上万元。因此在查看预算表时，需要格外注意装饰品的价格，必要时可先去掉此项，后期自行购买。

（2）灯具的品质和价格是否成正比。灯具属于消耗品，日常使用对灯具的寿命消耗较大。例如一款外形精美的吊灯，质量如何，需要结合灯具的品牌、型号等进行判断，以及需注意是否是残次品。

（3）布艺织物的质量和价格是否成正比。布艺织物首先看材质，真丝的价格一般较高，棉麻的价格一般较为亲民；其次看密度，布艺织物的密度越高，质量越好，相反摸起来感觉能戳出一个洞，这样的布艺织物质量较差，性价比较低。

2.3.5　电器预算要点

在全屋整装的预算中，装修公司会为业主提供电器，但电器的品牌、型号等选择范围较窄。因此，在查看预算表时，需要核实清楚电器的品牌、型号，并和市场中的同款电器进行比对，选择质优价廉的产品。

2.4　清包、半包、全包预算要点

清包、半包、全包的预算差别主要体现在材料上。因为清包代表着装修公司只提供人工，不提供任何材料；半包装修公司提供人工和辅材；全包装修公司提供人工、辅材和主材。这三种不同的预算形式，业主可按需选择。

2.4.1 清包预算要点

当业主选择清包时，首先需要注意的是，业主应查看装修公司工地，查看施工质量和现场的整洁程度。

一家成熟的装修公司通常有十几支施工队伍，分别由各个施工队的工长带领。不同的施工队擅长的施工项目和施工水平有着明显的差距。一般来说，一家装修公司必备三支以上的金牌施工队，其余施工队的水平则和业内平均水平持平或偏低。

在找装修公司包清工时，不仅需查看施工现场的施工状况，还要了解施工现场的施工队具体是哪一支。只有掌握这些必要信息，才能确保住宅装修施工的质量。

上述这些要点在预算表中是很难体现出来的，预算只能体现人工费收费标准，但无法体现施工队水平。因此，业主需要具备考察预算表之外其他重要因素的能力，这样才能制定出性价比最高的装修预算。

2.4.2 半包预算要点

当选择半包时，业主不仅要查看装修公司的施工水平如何，还要查看其所提供的辅材质量。

首先，装修公司预算表中有关辅材的单价、品牌、型号、工程量等信息需要一一核实；其次，需要查看材料展示区中的辅材，测试辅材质量，例如石膏板、木方等辅材，密度越高，质量越好；最后，要进入工地，查看施工现场所使用的辅材与材料展示区内的材料是否一致。这一点尤为重要，因为个别装修公司，在实际施工中，通常有"偷工减料"的行为，更换辅材的品牌和质量等级，使业主蒙受经济损失。因此，在查看施工样板间时，尽量不要选择装修公司推荐的施工现场，而是查看一些装修公司很少对外开放的施工现场，一般这类施工现场，真正代表着装修公司的施工水平。只有装修公司在辅材上不"偷工减料"，业主才能得到"货真价实"的产品和服务。

2.4.3 全包预算要点

当选择全包时，需要系统地查看装修公司的施工水平、辅材和主材质量。关于如何查看装修公司的施工水平和辅材质量，前文已有详细说明，这里不再赘述。下文主要探讨一下如何甄别装修公司的主材。

装修公司的主材一般包括瓷砖、石材、套装门、木地板、橱柜等，这类主材在预算表中必须标记的信息是单价、品牌、型号、数量以及备注说明等五个方面。在查看主材信息时，

最容易忽略的是主材型号，而型号往往代表着主材质量。因此在查看主材预算表时，需要格外注意主材的型号。

装修公司提供的主材预算表，通常对一种材料提供几个品牌供业主选择。以瓷砖为例，装修公司不仅会提供高端的一线品牌，也会提供性价比较高的二三线品牌，业主可根据自己的规划进行选择。这其中有一个误区值得注意：二三线品牌的主材中常混杂着四五线的低端品牌，业主容易被琳琅满目的主材展示区"欺骗"，花高价买到一些低价主材，蒙受不必要的经济损失。

对这一问题的解决办法是，当在装修公司展示区选定主材后，要求设计人员出具主材明细单，将品牌、型号等关键问题标记清楚，以便在主材进场时现场验收。

2.5　套餐装修常见的预算问题

套餐装修是目前装修市场中广泛运用的一种预算方式。装修公司根据住宅装修的复杂程度，划分出几个等级，例如 600~800 元的性价比装修，1 000~1 500 元的中档装修，2 000~2 600 元的高档装修等等。业主选择相应的价位，装修公司便会配备相应档次的装修设计内容、主材、软装等等。这种预算方式对业主而言，减轻了学习预算的时间成本，能快速、简单地了解到自己的住宅装修可能的预算支出。但这种预算方式同样存在一些问题（图 2-2）。

图 2-2　套餐装修的预算问题

2.5.1　预算增项

套餐装修按照平方米数计价的方式，决定了预算表中缺少个性化定制内容。所谓的个性化定制内容，是指吊顶造型、电视墙造型、床头造型墙、地砖拼花、厨卫瓷砖拼花等预算内容。

以 1 000~1 500 元的套装装修标准为例，预算表中的所有预算项目指的是住宅在不做丝毫拆改、不做过多造型等情况下的预算总额。也就是说，如果想要一款设计精美的电视背景墙或吊顶，需要增加预算；想要门厅地面拼花、厨卫瓷砖设计腰线，需要增加预算；想要拆除墙体、砌筑墙体，需要增加预算。在这样一番增加预算的情况下，装修价格其实早已经超过了 1 000~1 500 元的标准。

在一般情况下，装修公司会在前期将业主需要的个性化定制内容增加到预算表中，让业主了解住宅装修的总价。但也会有一种情况，装修公司为了与业主达成合作协议，有意或者无意地将个性化定制内容隐藏，待进场施工后，由业主自己发现问题，再选择增项，将个性化定制内容添加进来。实际上，这种问题普遍存在于套餐装修的预算表中，需要引起关注。

2.5.2　工程量与实际不符

套餐装修的一大特点就是快，从前期沟通设计方案到后期制定预算表、签订合同，几乎可以在短短的 3 个小时内完成。而住宅装修面积却往往被忽略，没有人去实地测量。因此，时常会出现工程量与实际不符的问题。装修公司按照建筑面积或者套内面积测算出的预算总价很少会出现问题，实际问题多出现在定制化内容的工程量上，例如客厅设计吊顶，测算吊顶面积按照户型图面积计算，而不以现场实际测量数据为准。对于每平方米几百元的吊顶施工费用，如果多出几个平方米的工程量，对业主而言显然蒙受了经济损失。

解决这一问题的办法就是首先冷静下来，放慢制定预算的速度，让设计人员去现场测量户型，将实际工程量填入预算表中。

2.5.3　施工内容不明确

套餐装修预算表中，对各个项目的施工内容，通常不会详细地列举出来。业主对这类问题可能有疑问，既然装修公司已经提供了总造价、材料标准、施工标准等内容，为何还要装修公司将施工细节项目列在预算表中呢？

实际上，预算表内列举的预算项目是业主后期维权的"证据"，装修公司只按照预算中列举出的项目施工，而不以设计人员与业主之间的口头协议为准。若预算表中没有的施工项目，

设计人员却在前期口头允诺，如果后期发生纠纷，装修公司不会维护业主的利益，仅以预算表为唯一解释标准。

因此，与装修公司之间有任何的承诺，尽量以书面的形式记录在预算表中。以门窗套为例，大多数套餐装修预算表中是默认包含的，但并不会明确地标记在预算表中。如果查看预算表时忽略了这一项，后期装修公司会以预算表中没有此项目为由，要求业主增项、加价。

2.5.4　材料升级费

材料升级费是指当对套餐装修中提供的主材不满意时，业主可以按照一定的比例交纳材料升级费，替换品牌更好、样式更精美的主材。例如，当我们选择 600~800 元的装修套餐时，一些主材往往是二线以下的品牌，某些特供主材的质量存在问题，这时业主可考虑更换，挑选知名度较高或样式精美的主材。

材料升级费是套餐装修中常见的预算模式，其增添了套餐预算的灵活性，可将主材、辅材和施工项目任意搭配，弱化低、中、高端装修之间的区别。

2.6　装修合同签订要点

签订装修预算合同前，必须商定好工期、付款方式等一些重要的内容，以防后期沟通出现分歧。需要注意的是，如装修合同中出现一些含糊的词汇时，业主应拒绝签订，否则在后期施工中，可能会出现一些难以预料的问题。签订的装修合同中，施工材料必须标记准确，施工工艺描述清楚。签订好的装修合同，必须保存完整，以便后期发生问题时进行维权。

2.6.1　约定工期

一套 100m^2 的两居室，简单装修工期一般在 35~50 天。装修公司为了保险起见，一般会把工期定到 55~65 天，如果着急入住，可以在签订合同时与装修公司协商。

2.6.2 保修条款

装修的整个过程主要以现场施工为主，难免会存在质量问题。保修期内如果出了问题，装修公司是包工包料全权负责保修，还是只包工、不负责材料保修，或是有其他制约条款，这些需在合同中约定好。

2.6.3 材料信息标记到合同中

购买材料时，应与材料供应商在合同里约定好材料品种、型号、批次等信息。

2.6.4 明确合同中的施工工艺

在合同中约定好施工工艺，可有效约束施工方严格执行、防止偷工减料。尽管合同中有一些明文规定，但是大多比较粗浅，对材料品牌、采购时间期限以及验收方法、验收人员没有做出明确规定，所以在合同中应写清楚施工细节。另外在装修过程中，应做好跟踪监督，监督施工中是否谎报用料、用工，监督防水、管线等重点施工时段，避免"隐蔽部位"留下隐患。

2.6.5 细化合同中的支付方式

大多数业主在装修时都非常关注装修的整体费用和装修设计，在签订合同时也会特别注意对装修材料、工艺、工期等方面的约定，而忽略了装修款的支付方式等问题，在合同中没有对其进行明确约定，结果在施工过程中常常因某笔款项的支付时间不明而产生纠纷，从而影响工程进度和装修质量。

因此，业主在签订装修合同时，应明确约定装修款的支付方式、时间、流程，以及违约责任及处置办法等。合同约定得越仔细，纠纷产生的可能性就越小，装修的时间和质量才会得以保证。

TIPS

明确合同条款后再签字

在一般情况下，当合同中有下列条款时，业主基本可以考虑在合同上签字：

☐ 合同中应写明甲乙双方协商后均认可的装修总价

☐ 工期（施工和竣工期）

☐ 质量标准

☐ 付款方式与时间［应在合同上明确约定："保修期最少3个月，无施工质量问题，才付清最后一笔工程款（约为总装修款的20%）。"］

☐ 注明双方应提供的有关施工方面的条件

☐ 发生纠纷后的处理方法和违约责任

☐ 有非常详细的工程预算书（预算书应将厨房、卫浴间、客厅、卧室等部分的施工项目注明，数量也应准确，单价也要合理）

☐ 应有一份非常全面而又详细的施工图（其中包括平面布置图、顶面布置图、管线开关布置图、水路布置图、地面铺装图、家具式样图、门窗式样图）

☐ 应有一份与施工图相匹配的选材表（分项注明用料情况，如墙面瓷砖，在表中应写明其品牌、生产厂家、规格、颜色、等级等）

☐ 对于不能表达清楚的部分材料，可进行封样处理

☐ 合同中应有"施工中如发生变更合同内容及条款，应经双方认可，并再签定补充合同"的字样

当合同中下列条款含糊不清时，业主不能在合同上签字：

☐ 装修公司没有工商营业执照

☐ 装修公司没有资质证书

☐ 合同报价单中遗漏某些硬装修的主材

☐ 合同报价单中某个单项的价格很低

☐ 合同报价单中材料计量单位模糊不清

☐ 施工工艺标注得含糊不清

2.7 选择合理的付款方式

业主需要了解开工预付款，包括前期费用的交付时间，以及交付之后有哪些项目可施工等等。交付中期进度款之前，需先验收已经施工的项目。否则交付之后发现问题，装修公司很可能会拒绝维修。了解后期进度款项的支付比例，并在支付后期款项后，保留一部分作为

验收时交付的尾款。这样做的好处是：一旦发现问题，施工方没有拒绝维修的理由，对业主是一种保障（图2-3）。

图2-3 付款方式

2.7.1 开工预付款

开工预付款是工程的启动资金，应该在水电工进场前交付。用于基层材料款和部分人工费，如木工板、水泥、沙子、电线、木条等材料费，以总工程款的30%为宜。

随着工程进度推移，业主应该学会掌握中期进度款的支付数量。最先预付的款项一般都是基层材料款和少量人工费。

预付款可以更好地保证工程质量。对于工程质量可依据《建筑装饰装修工程质量验收规范》（GB50210-2001）所规定的标准进行验收。

2.7.2 中期进度款

顾名思义，中期进度款是在装修工程中期的时候交付。

工程进行一半后，可考虑支付总工程款的30%~50%。因为这时基层工程已基本完成并验收。而饰面材料往往比基层材料价格高，如果这时出现资金问题，最易出现延长工期的情况。如果一次性支付的金额较大，可分成2~3次支付，但间隔时间可短些，每次支付的金额可相对少些，以杜绝装饰公司将大笔资金挪作他用。

2.7.3 后期进度款

后期进度款应该是在工程后期所交付的费用。主要是用于后期材料的补全及后期维修维护的费用。

后期进度款一般在油漆工进场后交付，约为总工程款的 30%，期间如发现问题，应尽快要求装修公司及时整改。

2.7.4 竣工后尾款

竣工后尾款换言之就是在工程尾段完成验收合格后交给装修公司的最后一笔款项。付清这笔款项后，整个装修付款流程结束。在一般情况下，可以在入住一段时间后，住宅没有施工质量问题时，再交付竣工尾款。

2.8 施工队装修收费标准

施工队装修不同于装修公司，它不含工程间接费用中的管理费、税金等收费项目，因此，在选择施工队装修时，往往能节省不少费用。在一般情况下，施工队只负责人工和辅材部分，而所有主材、软装等均由业主自行购买。当然，在这一过程中，施工队会根据自身的经验推荐一些主材给业主，这些主材通常性价比较高。

施工队通常由一名经验丰富的工长带队，队伍内有负责拆除、泥瓦、木作、水电、油漆等各项工程的专业施工人员。由于施工队通常没有规范化的管理制度，其收费没有固定标准，最常见的报价方式是进入现场实地考察并确定施工内容后报出一个总价。业主可以选择接受，也可以与之协商，直至最终达成协议。

施工队收费标准主要有以下六个方面：

1. 基础工程

（1）打墙打瓷片 25~28 元 /m^2（包含人工、垃圾清理）。

（2）地面水泥沙浆找平 25~33 元 /m^2（包含人工、材料、水泥、河沙）。

（3）砌墙 95~135 元 /m²（包含人工、轻质砖、水泥、河沙）。

2. 水电工程

（1）进水管改造 35~42 元 /m（包含人工、PP-R 管、接头、弯头、机器焊接等）。

（2）电路改造 35~42 元 /m（包含人工、线管、底盒、电线等）。

（3）电话、电视宽带线 35~42 元 /m（包含人工、线管、底盒、电话线等）。

（4）防水防潮 30~55 元 /m²（包含人工、防水涂料，涂刷 3 遍）。

3. 天花吊顶工程

（1）石膏板吊顶（平）100~110 元 /m²（包含人工、木龙骨、石膏板等）。

（2）石膏板造型顶 120~145 元 /m²（包含人工、木龙骨、9 厘板、5 厘板等）。

（3）局部造型顶 110~135 元 /m²（包含人工、木龙骨、石膏板、9 厘板等）。

（4）铝扣板吊顶 110~135 元 /m²（包含人工、轻钢龙骨、铝扣板、收边条等）。

（5）石膏线粘贴 15~26 元 /m（包含人工、石膏线、石膏粉、胶水等）。

4. 地面工程

（1）墙地砖铺贴 45~65 元 /m²（包含人工、水泥、河沙等辅料）。

（2）门槛石铺贴 20~45 元 / 条（包含人工、水泥、河沙等辅材）。

（3）地脚线铺贴 15~28 元 /m（包含人工、水泥、河沙等辅料）。

5. 墙面工程

（1）墙体批刷 26~44 元 /m²（墙体进行三次刮沥、打磨、收平，刷三遍乳胶漆）。

（2）石材挂贴 50~60 元 /m²（包含人工、水泥、河沙、建筑胶等辅材）。

6. 门窗工程

（1）木门（自造）550~1 150 元 / 套（包含人工、木芯板、面板、实木门套线、油漆等）。

（2）包窗口 350~650 元 / 套（包含人工、木芯板、面板、实木窗套线、油漆等）。

2.9 设计工作室收费标准

设计工作室不同于装修公司，它是一种专注于设计的公司。也就是说，设计工作室通常仅提供室内设计服务，而不提供施工服务。如果想进行住宅装修设计，则需要设计工作室里的专业人员提供设计方案、制定设计图纸、绘制三维效果图。

室内设计师的收费标准根据从业年限、作品数量、知名度、专业能力等方面划分出四个等级：

1. 优秀设计师

收费标准为 35~80 元 /m²（包含户型布局图、施工图纸等）。从业年限为 3~5 年，有少量设计作品。

2. 主任设计师

收费标准为 100~150 元 /m²（包含设计意向图、户型布局图、施工图纸等）。从业年限为 6~8 年，有较多的设计作品。

3. 总监设计师

收费标准为 300~450 元 /m²（包含设计意向图、户型布局图、施工图纸、三维效果图等）。从业年限 10 年以上，有众多设计作品。

4. 名气设计师

收费标准为 500~1 300 元 /m²（包含设计意向图、户型布局图、施工图纸、三维效果图等）。获得过室内设计行业的专业奖项，有一定的知名度，从业年限 15 年以上，设计作品散见于网络平台。

2.10 自装需要考虑的预算内容

　　业主自己装修住宅是一件"痛并快乐"的事，这里的"痛"不是指身体的疼痛，而是指身心的劳累。不仅要考虑设计、跟进施工现场、跑建材市场，还要自己制定一套预算表，以免装修资金支出超标。

　　自装意味着所有的预算内容都需自己准备，但无外乎以下四个方面，分别是人工费、辅材费、主材费和软装费。

1. 人工费

　　自装需要找施工队，一般由熟人介绍的施工队比较可靠。在与施工队的沟通中，需要清楚施工队包清工的总价，是否不再加价，是否包括基础辅材等预算内容。

2. 辅材费

　　自装需要自购辅材，首先需意识到，不仅要购买水泥、河沙这类量大的辅材，连钉子、胶水等这类量小的辅材，也需自行购买。考虑到业主缺少装修经验，解决此类问题时，需前期和施工队沟通住宅装修所需的所有辅材，并列出清单统一购买。这样一方面节省大量的时间，另一方面减少了交通运输费用支出。

3. 主材费

　　业主在自购主材的过程中，常常是感到兴奋和愉快的，因为可以买到自己心仪的瓷砖、地板、木门等材料。但在浏览琳琅满目的主材时，较易失去理智，会为一种更好的主材支付超出预算的费用。因此，需在前期制定好主材预算总额，先买量大、价高的主材，再买量小、便宜的主材，这样合理分配才能保证主材预算不超支。

4. 软装费

　　软装的预算内容较多，窗帘、装饰画、摆件这些属于标准的软装项目，另外如家具、灯具、电器等也属于重点软装项目。在制定软装预算时，首先确定家具预算总额，其次确定电器预算总额，再确定灯具预算总额，最后是窗帘、装饰画等预算总额。

2.11 二手房装修需要考虑的预算内容

二手房装修与新房装修不同，其重点在于改造，也就是说，需要在前期拆除工程、水电隐蔽工程上多下功夫。在二手房装修预算规划中，需要把资金重点用于前期对住宅的维护和改造上，然后把剩余资金用于购买主材、软装等项目。

制定二手房的预算内容时，应重点考虑如下预算内容：

1. 拆除费

二手房拆除是一项大工程，需要对室内的墙地砖、地板、木门、墙纸、墙漆、洁具等全部拆除，并注意不要破坏建筑结构。拆除费用有两种计算方式，一种是按照户型大小收费，两室一厅的户型拆除费约为 6 500 元，三室一厅以上的户型拆除费为 12 000 元以上；另一种是按照拆除项目收费，即拆除一项收一项的费用，因各地拆除人工差异较大，故不在此列举。

2. 水电隐蔽工程费

二手房的水电线路管道多已老化，因此需要全部拆除重新安装。此部分预算，不仅需计算新水电线路管道的费用，还需计算原有水电线路管道拆除的费用，包括一些老旧主管道的更换、维护等费用。

3. 施工费

二手房的施工费除去拆改费和水电费后，还有泥瓦费、木作费和油漆费等费用。若二手房原有的砖材和地板质量较好，可节省一部分泥瓦费，但木作费和油漆费通常是不能省减的。一般二手房的墙面老化较为严重，因此在油漆费中，需要多支付一些油漆工的人工费，并要求增加墙面漆的涂刷遍数。

第三章

住宅施工项目
计价规则

当查看住宅装饰装修预算表时，会因其复杂的项目内容而认为装修预算复杂、难度大。其实不然，只要厘清其中的施工逻辑，预算表也就一目了然。

住宅施工项目总的来说可分为七类工种，主要是力工、水工、电工、泥瓦工、木工、油漆工以及安装工，每一类工种的人工费计算方式都是相对独立的。以力工为例，其施工内容主要是搬运材料，将水泥、河沙、红砖、板材等材料搬运到楼上，搬运费因材料和距离的不同而有差异。

水工和电工统称为水电隐蔽工程，分别由水工和电工改造住宅的水电，其涉及的人工费主要有开槽费、熔接费、涂刷防水费等等。水电工程对施工质量的影响是较大的，因此这部分的费用不可节省；泥瓦工主要负责住宅墙体的砌筑、厨卫墙地砖的铺贴、客餐厅地砖的铺贴等，铺贴费用因瓷砖大小、拼贴形式不同而有差异；木工主要负责住宅吊顶、墙面造型、制作柜体等，这部分的施工质量很大程度上会影响设计的美观度，而木工人工费则因木作项目不同而有差异；油漆工主要负责住宅墙顶面漆的涂刷、柜体油漆的喷涂等，这部分人工费相对不高，但工程量较大；安装工主要负责定制柜体的安装、成品家具的组装等，通常由厂家派人上门，这部分的人工费是便宜的，施工周期也较短。

3.1 搬运工施工内容及工价

搬运工也就是力工，通过体力劳动换取相应的报酬。住宅搬运工主要负责将辅材、主材等材料从卸车地点运送到住宅所在楼层。由于住宅装修涉及的辅材、主材种类非常多，因此搬运费也就由具体材料来定价（图3-1）。

搬运工负责将指定材料运送到住宅所在楼层。搬运费由具体材料来定价

图3-1 搬运工施工内容及工价

3.1.1 泥瓦类材料搬运工价

泥瓦类材料包含水泥、河沙等辅材，以及瓷砖、石材等主材，具体搬运工价如下表所示：

编号	搬运项目	工价说明	图解说明
1	水泥	一袋水泥搬运到一层楼的工价为 1~1.3 元（水泥为 50kg/袋）	图3-2 袋装水泥
2	河沙	一方河沙搬运到一层楼的工价为 15~20 元（一方河沙约为 1.35~1.45t，可装 50 袋）	图3-3 优质河沙

编号	搬运项目	工价说明	图解说明
3	红砖、轻体砖	一块红砖搬运到一层楼的工价为 0.1~0.2 元（红砖尺寸一般为 240mm×115mm×53mm）	图 3-4 红砖
4	瓷砖、大理石	一件小件瓷砖搬运到一层楼的工价为 8~1.5 元；一件大件瓷砖搬运到一层楼的工价为 2~3 元（小件瓷砖多指 600mm×600mm 及以下瓷砖，大件瓷砖多指 800mm×800mm 及以上瓷砖）	图 3-5 瓷砖

※ 注：此表格中所有价格均为一时一地之价格，可供参考使用，但不是唯一标准。

泥瓦类材料搬运工价具体详解如下：

（1）在住宅有电梯且可用于运输材料的情况下，材料搬运则涉及不到楼层费。搬运工一般只收取少量的短程运输费。

（2）若住宅为跃层户型，材料从楼下运到楼上还需加一层的搬运费，其费用计算方式与楼房方式一样，并不因楼上楼下为同一住宅而减免。

（3）一袋水泥重量通常为 5kg，属于较重的装修材料，因此搬运费相对较高，达到 1 元多一层楼。部分城市也有低于 1 元的搬运费，但一般楼层高度约束在 8 楼以下。

（4）河沙属于松散的材料，需要装袋运输，像水泥一样一层楼一层楼地向上搬运。考虑到购买河沙时是按照吨数计算的，因此搬运费延续了吨数计价的模式。

（5）红砖和轻体砖因块状较小，搬运麻烦，在工价上按照块数收费，一块红砖搬运到一层楼的费用约为 1 元。

（6）瓷砖或石材一类材料属于易碎品，在搬运过程中应格外小心磕碰的问题。一般来说，瓷砖越大，受限于楼道的宽度，搬运越困难，因此通常尺寸越大的瓷砖，搬运费用越高。

3.1.2 水电类材料搬运工价

水电类材料包含电线、水管、管材配件、防水涂料等材料，具体搬运工价如下表所示：

编号	搬运项目	工价说明	图解说明
1	电线、穿线管等电路材料	按项计费。从指定地点运送到住宅所在楼层，工价约 260~320 元	图 3-6　电线
2	给水管、排水管等水路材料	按项计费。从指定地点运送到住宅所在楼层，工价约 280~360 元	图 3-7　冷热给水管

※ 注：此表格中所有价格均为一时一地之价格，可供参考使用，但不是唯一标准。

水电类材料搬运工价具体详解如下：

（1）水电材料一般不收取二次搬运费，也就是说，厂家会免费派人运送材料到住宅所在楼层。但一些不包材料运输的厂家，一般会按照项目收取费用，即将水路材料分为一项，电路材料分为一项，然后确定一个搬运价，业主可以选择同意，也可以选择自己找搬运工运送水电材料。

（2）水电材料中的电线、水管、管材配件等数量多、体积小，不便于按照数量计费，因此为了便于核算计价，按照项目收费。以三室两厅的水电材料为例，水电材料的上楼费总额约在 460~630 元之间。

3.1.3　木作类材料搬运工价

木作类材料包含石膏板、木龙骨等辅材，以及木地板、木门等主材，具体搬运工价如下表所示：

编号	搬运项目	工价说明	图解说明
1	细木工板、石膏板、饰面板等板材	一张板材运送到一层楼的工价为 0.4~0.6 元	图 3-8　免漆板

编号	搬运项目	工价说明	图解说明
2	木龙骨、轻钢龙骨等辅材	一卷龙骨运送到一层楼的工价为 0.3~0.5 元（一卷龙骨约为 6~10 根。20 根一卷的龙骨搬运价另计）	 图 3-9 木龙骨
3	木地板	一包木地板运送到一层楼的工价为 1~1.3 元（一包木地板约 2.106m²）	 图 3-10 木地板
4	套装门	一扇套装门运送到一层楼的工价为 2~ 3.3 元（一扇套装门包括门扇、门套等组件）	 图 3-11 套装门

※ 注：此表格中所有价格均为一时一地之价格，可供参考使用，但不是唯一标准。

木作类材料搬运工价具体详解如下：

（1）木作板材包括细木工板、石膏板、生态板、免漆板、饰面板、刨花板、密度板、指接板、胶合板等板材，这些板材的尺寸均为 1 220×2 440mm，只在厚度上略有差别，因此搬运上楼工价一致。

（2）一卷木龙骨有 5 根、6 根、8 根、10 根、20 根的差别。在一般情况下，10 根以下的一卷木龙骨搬运上楼工价一致，20 根一卷的龙骨搬运费翻倍。

（3）成品木地板均是一包一包的，因此搬运费按照包数收费，不同尺寸的木地板每包的片数略有区别，但面积均为 2.106m² 左右。

（4）套装门搬运费还有一种计费方式，即按包计费，每包 2 元左右。一包套装门材料约有 1m²，一扇套装门面积约为 1.7~2m²。也就是说，一扇套装门的搬运费在 4 元以上。

3.1.4 油漆类材料搬运工价

油漆类材料包含石膏粉、腻子粉、乳胶漆、壁纸等材料，具体搬运工价如下表所示：

编号	搬运项目	工价说明	图解说明
1	石膏粉、腻子粉、乳胶漆等墙面漆材料	按项计费。从指定地点运送到住宅所在楼层，工价约260~350元	图3-12 乳胶漆
2	壁纸	按项计费。从指定地点运送到住宅所在楼层，工价约80~120元	图3-13 壁纸
3	硅藻泥	按项计费。从指定地点运送到住宅所在楼层，工价约60~90元	图3-14 硅藻泥

※ 注：此表格中所有价格均为一时一地之价格，可供参考使用，但不是唯一标准。

油漆类材料搬运工价具体详解如下：

（1）油漆类材料涉及的乳胶漆、壁纸、硅藻泥等，数量较少，重量较轻，因此不按数量计费，而是按照项目计费。以乳胶漆为例，一套三室两厅的住宅，底漆约为一大桶一小桶，面漆约为两大桶，总计不超过四桶，按项目计费显然方便快捷。

（2）乳胶漆、壁纸、硅藻泥等材料一般厂家不收取二次搬运费，也就是说，这类材料通常免费送货上门。在和厂家沟通的过程中，能节省搬运费则节省，毕竟搬运费的工价并不便宜。

3.1.5 家具搬运工价

家具包含沙发、茶几、餐桌椅、床、书桌、柜体等主材，具体搬运工价如下表所示：

编号	搬运项目	工价说明	图解说明
1	沙发、餐桌椅、床、柜体等大件家具	按件计费。一件家具运送到一层楼的工价约为20~50元	图3-15 成品沙发
2	沙发、餐桌椅、床、柜体等大件家具	按天计费。一位搬运工一天的工时费200~270元	图3-16 餐桌椅

※ 注：此表格中所有价格均为一时一地之价格，可供参考使用，但不是唯一标准。

家具搬运工价具体详解如下：

（1）厂家售卖的家具，无论是沙发、茶几，还是餐桌椅、床等，一般不包含搬运费，搬运费需要业主自己支付。但是，在和厂家协商过程中，也可将搬运费算给厂家，从而节省业主的搬运费支出。

（2）家具有两种搬运计费方式，一种是按件计费，一种是按天计费。若住宅楼层低，家具件数少，则按件计费对业主而言更划算；若家具件数多，楼层高，则按天计费对业主而言更划算。

3.1.6 垃圾清运工价

垃圾清运包含墙体拆改施工垃圾、铺砖施工垃圾、木作施工垃圾、油漆施工垃圾等。具体垃圾清运工价如下表所示：

编号	搬运项目	工价说明	图解说明
1	住宅内所有施工垃圾清运	按建筑面积计费。每平方米垃圾清运工价为4~6元	图3-17 住宅施工垃圾

编号	搬运项目	工价说明	图解说明
2	住宅内所有施工垃圾清运	按工程直接费用计费。垃圾清运费占工程直接费用的 1.5%~1.8%	 图3-18 住宅施工现场

※ 注：此表格中所有价格均为一时一地之价格，可供参考使用，但不是唯一标准。

垃圾清运工价具体详解如下：

（1）垃圾清运贯穿于整个住宅装修期间，从前期的墙体拆改、水电施工，到中期的泥瓦铺砖、木作吊顶，再到后期的涂刷墙漆、家具进场，每个工种结束施工后，都要安排人员进场清理垃圾。

（2）垃圾清运一般按照建筑面积计费，而不是套内面积。

（3）工程直接费用的计费方式通常发生在装修公司，装修公司负责住宅垃圾清运，并收取直接费用的 1.5%~1.8%。

（4）在一般情况下，垃圾清运只负责将住宅所在楼层的垃圾，清运到小区物业指定的垃圾站。若超出这个范围，则需另计费用。

3.2 水暖工施工内容及工价

水暖工分为水工和暖工，水工主要负责住宅给水管、排水管的铺设，而暖工则负责地暖的施工（图3-19）。因为这两个施工项目对施工人员的技术要求不同，所以施工人员的工价需要分开计费。

图 3-19　水工和暖工施工

3.2.1 水工施工工价

水工在装修过程中所从事的施工项目基本是固定的，而且全部是局部的项目改造，主要围绕厨房、卫生间以及阳台等空间展开。若按照面积来计算水工工价并不能准确地体现出水工的施工价值，因此形成了水工工价特定的计算方式。具体施工工价如下表所示：

编号	施工项目	工价说明	图解说明
1	改造主下水管道（含拆墙）	200~300 元 / 个	 图 3-20 主下水管道
2	改造坐便器排污管（不含打孔）	100~150 元 / 个	 图 3-21 坐便器排污管
3	改造 50mm 管（如地漏、洗面盆）	50~85 元 / 个	 图 3-22 洗面盆下水管
4	改造 75mm 管	90~120 元 / 个	 图 3-23 卫生间改管道
5	做防水（防水布）	300~650 元 / 项	 图 3-24 防水布防水
6	做防水（防水涂料）	每平方米 40~70 元（按展开面积计算）	 图 3-25 防水涂料防水

※ 注：此表格中所有价格均为一时一地之价格，可供参考使用，但不是唯一标准。

水工施工工价具体详解如下：

（1）假设待施工的住宅内有两个卫生间、一间厨房、一个阳台。则水工施工（含人工和材料）总价计算公式如下：

主下水管道单价 ×4（数量）+ 马桶排污管单价 ×2（数量）+50mm 管单价 ×9（数量）+75mm 管单价 ×3（数量）= 总费用

（2）施工技术人员的工价通常按照项目计算，如改造主下水管道一根 ×× 元（含拆墙）、改造马桶排污管一根 ×× 元（不含打孔）、改造 50mm 管一根 ×× 元、改 75mm 管一根 ×× 元等，然后将所有项目的数量总计即可得出水路施工工价。

（3）防水涂料相较于防水布是更为先进的防水施工工艺，但价格较后者略高。

3.2.2　暖工施工工价

暖工主要负责将地暖管均匀地铺满整个空间，并做好保温以及各种防护措施。具体施工工价如下表所示：

编号	搬运项目	工价说明	图解说明
1	地暖施工（按套内面积计费）	每平方米施工工价为 8~14 元	图 3-26　铺设保温层
2	地暖施工（按地暖柱数计费）	每柱地暖的施工工价为 120~150 元（每柱地暖管长度为 50~80 米）	图 3-27　铺设地暖管

※ 注：此表格中所有价格均为一时一地之价格，可供参考使用，但不是唯一标准。

暖工施工工价具体详解如下：

（1）套内面积计算地暖施工工价并不是行业的通行标准，许多施工方会按照建筑面积收费，随着近几年住宅装修行业的高速发展，越来越多的地暖公司开始采用套内面积计费，这种计费方式才流行起来。实际上，套内面积计费对业主而言更公平一些，因为地暖管铺设的位置只涉及套内面积，与建筑面积无关。

（2）按照柱数计费是一种相对传统的计费方式，地暖柱数与住宅面积成正比，一般住宅面积越大，需要的地暖柱数越多。

电工施工内容及工价

电工的施工内容主要围绕住宅新旧电路的改造展开，涉及的施工项目有墙地面开槽，强电箱施工，连接、铺设穿线管，铺设电线等等（图3-28）。由于电路为隐蔽工程且有一定的危险性，因此对施工技术人员的施工能力要求较高，施工工价也相对较高。

图3-28 住宅电路施工

3.3.1 电工施工工价

电路施工涉及住宅的各处空间，指从强电箱接引各类规格的电线到客厅、卧室、卫生间等空间。具体施工工价如下表所示：

编号	施工项目	工价说明	图解说明
1	电路施工	按建筑面积计费。一线城市的电工工价约为38~45元/m²	图3-29 标准电路施工（一）
2	电路施工	按建筑面积计费。二线城市的电工工价约为28~35元/m²	图3-30 标准电路施工（二）

编号	施工项目	工价说明	图解说明
3	电路施工	按建筑面积计费。三四线城市的电工工价约为 10~15 元 /m²	图 3-31　标准电路施工（三）
4	电路施工	按建筑面积计费。五线城市的电工工价约为 8~13 元 /m²	图 3-32　标准电路施工（四）

※ 注：此表格中所有价格均为一时一地之价格，可供参考使用，但不是唯一标准。

电工施工工价具体详解如下：

（1）因地域、时期的不同，电工工价没有统一的标准。地域上的区别主要体现在城市规模和所在省份，如一线城市和三线城市的工价差别很大，而南方省份和北方省份因技术工艺的不同，工价不具可比性。

（2）时期的不同对电工工价涨幅的影响较大，以 2019 年为例，单年的涨幅比例超过了 15%，每平方米的工价上涨了 2~3 元。

3.4　泥瓦工施工内容及工价

泥瓦工主要负责住宅内新建墙体的砌筑，墙体抹灰、粉槽，以及铺贴地面砖、墙面砖等等。泥瓦工一般在水电工完工后进场施工，先将待建墙体砌筑起来，在表面抹灰，然后铺贴厨房、卫生间的墙面砖，对地面找平，再铺贴厨卫、客餐厅的地面砖（图 3-33）。泥瓦工施工工价的主要体现在铺贴墙地砖中，因铺贴样式的不同而产生高低不等的人工费。

图 3-33　地面砖铺贴施工

3.4.1　泥瓦工砌墙施工工价

　　泥瓦工砌墙施工内容包括砌筑 120mm、240mm 厚度墙体，以及包立水管等，这些施工项目之间的工价差别不大。具体施工工价如下表所示：

编号	施工项目	工价说明	图解说明
1	砌筑墙体（120mm 厚）	一平方米新砌墙体的施工工价为 35~40 元	图 3-34　120mm 厚墙体砌筑
2	砌筑墙体（240mm 厚）	一平方米新砌墙体的施工工价为 45~55 元	图 3-35　240mm 厚墙体砌筑
3	新砌墙体粉刷（即墙体抹灰）	一平方米新砌墙体粉刷的施工工价为 11.5~13.5 元	图 3-36　墙体抹灰
4	墙体开槽、粉槽	一米墙体开槽、粉槽的施工工价为 3~6 元	图 3-37　墙地面开槽
5	落水管封砌及粉刷（即包立管）	一根落水管封砌及粉刷的施工工价为 74~85 元	图 3-38　包立管

※ 注：此表格中所有价格均为一时一地之价格，可供参考使用，但不是唯一标准。

　　泥瓦工砌墙施工工价具体详解如下：

　　（1）砌筑 120mm 厚和 240mm 厚墙体的施工工价相差 5~10 元，因为 240mm 厚墙体的砌筑工艺相对较为复杂。

（2）砌筑墙体的工程量按照单面墙的长乘以宽计算，而墙体粉刷则按照双面墙的长乘以宽计算。

（3）墙体开槽、粉槽是指水电工走电线、水管的凹槽。标准宽度为 30mm，每增宽25mm，需要增加人工费 2~4 元。

（4）落水管砌筑主要分布在卫生间、厨房和阳台三处空间，按根计费，包几根落水管便收几根的费用。

3.4.2　泥瓦工铺砖施工工价

泥瓦工铺砖施工内容包括厨卫的墙地砖、客餐厅的地砖等，施工工价因铺贴工艺不同而有较大差别。具体施工工价如下表所示：

编号	施工项目	工价说明	图解说明
1	门槛石、防水条	一米门槛石、防水条的施工工价为20~25 元	 图 3-39　淋浴房挡水条
2	石材磨边	一米石材磨边的施工工价为 14~18 元	 图 3-40　石材磨边
3	地面找平	一平方米地面找平的施工工价为12~20 元	 图 3-41　地面找平
4	墙、地面砖直铺	一平方米墙、地面砖直铺的施工工价为 26~35 元（直接铺贴）	 图 3-42　地面砖直铺

编号	施工项目	工价说明	图解说明
5	墙、地面砖斜铺	一平方米墙、地面砖斜铺的施工工价为 46~55 元（斜贴、拼花）	图 3-43　墙面砖斜铺
6	墙面腰线砖以及花砖	一片腰线砖以及花砖的施工工价为 2~4 元	图 3-44　墙面腰线砖

※ 注：此表格中所有价格均为一时一地之价格，可供参考使用，但不是唯一标准。

泥瓦工铺砖施工工价具体详解如下：

（1）墙地面砖直铺和斜铺的人工费每平方米相差 20 元左右，其中斜铺人工费中包含 45°角斜铺，以及简单的瓷砖拼花。若墙地面砖的拼花复杂度较高，需要另外增加人工费。

（2）地面找平是指水泥砂浆找平的人工费，另有一种自流平的地面找平人工费不包含在内。

（3）铺设门槛石、防水条时，要求石材的宽度在 300mm 以内，超出的范围需要另计人工费。

（4）石材磨边是指门槛石磨边、窗台板磨边等，按米数计费。

3.5 木工施工内容及工价

木工属于住宅装饰装修的核心工种之一，它上承泥瓦工，下接油漆工。对木工来说，其施工质量的好坏直接影响住宅的设计效果，例如一款样式精美、施工精良的石膏板吊顶（图 3-45）绝对是设计的加分项。正因为木工有着如此重要的地位，其施工工价的整体占比较高。当然，工价高的原因一方面是对施工工艺要求高，另一方面则是因为工程量较大。总的来说，木工施工项目包括石膏板吊顶、墙面木作造型、衣帽柜、鞋柜、木作隔墙等，而这些施工项目则基本涵盖了室内的各处空间。

图 3-45　木作石膏板吊顶

3.5.1 木工吊顶施工工价

木工吊顶包括叠级顶、弧形顶、平顶等，施工工价因施工难易度的不同而有所差别。具体施工工价如下表所示：

编号	施工项目	工价说明	图解说明
1	石膏板平面顶	一平方米石膏板平面顶的施工工价为 26~30 元	图 3-46　石膏板平面顶
2	石膏板叠级顶（即凹凸顶）	一平方米石膏板叠级顶的施工工价为 32~45 元	图 3-47　石膏板叠级顶
3	石膏板弧形顶（即拱形顶）	一平方米石膏板弧形顶的施工工价为 48~60 元	图 3-48　石膏板弧形顶
4	窗帘盒安制	一米窗帘盒安制的施工工价为 16~20 元	图 3-49　木作窗帘盒
5	暗光灯槽	一米暗光灯槽的施工工价为 15~18 元	图 3-50　暗光灯槽

※ 注：此表格中所有价格均为一时一地之价格，可供参考使用，但不是唯一标准。

木工吊顶施工工价具体详解如下：

（1）木工吊顶施工中，弧形吊顶施工工艺最为复杂，其次是叠级顶，最后是平面顶。因此，这三种类型的吊顶中，弧形顶的人工费最高，平面顶的人工费最低。

（2）石膏板吊顶中，所有带有凹凸变化的吊顶都属于叠级顶，例如常见的暗光灯带吊顶，就属于一种典型的叠级顶。

（3）窗帘盒安制和暗光灯槽均按米数计费，在一般情况下，暗光灯槽的工程量是窗帘盒安制的两倍以上。

（4）石膏板吊顶的工程量计算方式均按照展开面积计算。也就是说，凡是石膏板所覆盖到的地方，都要算进工程量中。

3.5.2　木工隔墙施工工价

木工隔墙包括木龙骨隔墙、轻钢龙骨隔墙，以及木作造型墙等，其中木作造型墙的施工工价最高。具体施工工价如下表所示：

编号	施工项目	工价说明	图解说明
1	木龙骨隔墙	一平方米木龙骨隔墙的施工工价为40~55元	 图3-51　木龙骨隔墙
2	轻钢龙骨隔墙	一平方米轻钢龙骨隔墙的施工工价为36~48元	 图3-52　轻钢龙骨隔墙
3	木作造型墙（如电视背景墙、床头背景墙等）	一平方米木作造型墙的施工工价为85~120元	 图3-53　木作电视背景墙
4	封门头	一个封门头的施工工价为24~30元	 图3-54　封门头

※ 注：此表格中所有价格均为一时一地之价格，可供参考使用，但不是唯一标准。

木工隔墙施工工价具体详解如下：

（1）一些毛坯房中的门口高度不是标准的 2 米高，而是 2.2 米高，这时便需要木工制作门头，统一住宅所有门口的高度。封门头按个数计费，封几个门头，便收几个门头的费用。

（2）木作造型墙的人工费没有统一的标准，在一般情况下均由经验丰富的木工按项估算，从几百元到上千元不等。但对于使用石膏板制作的造型，在不增加其他材料的情况下，人工费则可按照平方米计费，费用大约是石膏板吊顶人工费的两倍。

（3）轻钢龙骨隔墙与木龙骨隔墙相比较，前者施工难度较大、质量较好。

（4）木龙骨隔墙的人工制作成本高、施工复杂，因此人工费相较轻钢龙骨隔墙略高。

3.5.3 木工柜体施工工价

木工柜体包括衣帽柜、鞋柜、酒柜、餐边柜等，因制作难易程度而有工价高低的差别。具体施工工价如下表所示：

编号	施工项目	工价说明	图解说明
1	衣帽柜	一平方米衣帽柜的施工工价为 100~110 元（不含柜门）	图 3-55 衣帽柜
2	酒柜	一平方米酒柜的施工工价为 125~150 元	图 3-56 酒柜
3	鞋柜	一平方米鞋柜的施工工价为 85~100 元	图 3-57 鞋柜

编号	施工项目	工价说明	图解说明
4	书柜	一平方米书柜的施工工价为110~120元	图3-58　书柜

※ 注：此表格中所有价格均为一时一地之价格，可供参考使用，但不是唯一标准。

木工柜体施工工价具体详解如下：

（1）木工现场制作衣帽柜一般不包含柜门，若要求木工制作柜门，则每平方米需要增加费用20~50元，具体价格视柜门的复杂程度而定。

（2）酒柜制作的工艺难度体现在藏酒格的制作上，施工耗时长、制作难度高，因此人工费较高。

（3）现场制作的鞋柜一般包含简单的平板柜门，若想要增加柜门的造型，则要在人工单价中另外支付柜门的费用。

（4）现场制作的书柜不含柜门的价格，书柜样式可由业主自行制定，工人按照图纸施工。

（5）现场木作柜体的工程量均按展开面积计算，而不是投影面积。

3.6 油漆工施工内容及工价

油漆工是住宅装修施工阶段最后进场的工种，主要负责墙顶面乳胶漆的涂刷（图3-59），以及现场木作柜体油漆的喷涂等，部分油漆工也负责壁纸的粘贴。可以将油漆工程定义为"面子工程"，这是因为油漆工负责将木工制作完成的吊顶、墙面造型、柜体等进行表面粉饰，以增加使用舒适度和设计美感。油漆工的施工工价以涂刷墙面漆为中心，其中包括涂刷墙固、石膏粉找平、腻子粉打磨以及涂刷乳胶漆等等。

图3-59　乳胶漆滚涂作业

3.6.1 油漆工施工工价

木工柜体包括衣帽柜、鞋柜、酒柜、餐边柜等，因制作难易程度而有工价高低的差异。具体施工工价如下表所示：

编号	施工项目	工价说明	图解说明
1	墙顶面乳胶漆	一平方米墙顶面乳胶漆的施工工价为 17~22 元	图 3-60　腻子粉打磨
2	家具清水漆	一平方米家具清水漆的施工工价为 20~28 元	图 3-61　涂刷清水漆
3	壁纸粘贴	一平方米壁纸粘贴的施工工价为 5~10 元	图 3-62　壁纸粘贴

※ 注：此表格中所有价格均为一时一地之价格，可供参考使用，但不是唯一标准。

油漆工施工工价具体详解如下：

（1）乳胶漆涂刷的人工费不会因为顶面涂刷难度高、墙面涂刷难度低而单独收费，它们的收费标准是一致的。

（2）墙顶面乳胶漆的人工费包含了涂刷墙固、石膏粉、腻子粉以及乳胶漆等各个环节，也就是说，每平方米 17~22 元的人工费标准是"三底两面"，即包含三遍底粉、两遍面漆的涂刷施工。

（3）家具清水漆主要用于现场木作家具内部的油漆涂刷。若住宅装修过程中，家具全部采用定制，而非现场木工制作，则不需要家具涂刷清水漆。

（4）壁纸粘贴人工费按照平方米数收费，而非卷数（一卷壁纸面积约为 5.3m² ）。

3.7 安装工施工内容及工价

安装工在住宅装修收尾阶段进场。一般在油漆工施工完成，室内做好清洁后进场，其施工内容主要是安装套装门、木地板，组装定制柜体以及橱柜等等。需要注意的是，安装工并不是特定的一组施工人员，而是由不同类型的安装工人组成，有些人擅长组装柜体，有些人擅长铺装木地板（图3-63），而有些人则擅长安装卫浴洁具等等。因此，安装工的施工工价因具体安装项目的不同而有所不同。

图 3-63 木地板铺装

3.7.1 安装工施工工价

安装工的安装项目包括组装柜体、套装门、木地板、卫浴洁具等。具体施工工价如下表所示：

编号	施工项目	工价说明	图解说明
1	定制柜体安装	一平方米定制柜体的施工工价为 60~80 元（按投影面积计算）	图 3-64 定制衣帽柜安装
2	整体橱柜安装	一延米整体橱柜的施工工价为 60~90 元（不含石材台面、洗菜槽）	图 3-65 整体橱柜安装
3	木地板铺装	一平方米木地板铺装的施工工价为 15~45 元	图 3-66 木地板铺装

编号	施工项目	工价说明	图解说明
4	地板配套踢脚线安装	一米踢脚线安装的施工工价为 5~7 元	图 3-67　踢脚线安装
5	套装门安装	一扇套装门安装的施工工价为 60~120 元（含门等配件）	图 3-68　套装门安装
6	洁具安装	一个坐便器 40~60 元；一个花洒 30~50 元；一个洗面盆带水龙头 80~100 元；一个五金挂件 20~30 元	图 3-69　坐便器安装

※ 注：此表格中所有价格均为一时一地之价格，可供参考使用，但不是唯一标准。

安装工施工工价具体详解如下：

（1）定制柜体、整体橱柜、套装门以及木地板等安装项目，一般厂家包含安装费。当然，购买这类主材时，需与厂家协商是否包含安装费，若不主动提出，部分厂家是默认不包含的。

（2）定制柜体有两种计费方式，一种是按投影面积计费，即用柜体的长乘以宽再乘以单价得出总安装费；一种是按件计费，当柜体高度低于 1m、投影面积过小时采用这种计费方式。

（3）木地板铺装有直铺、龙骨铺装以及悬浮铺装等工艺，其中直铺是最简单的铺装方式，人工费也相对低一些；龙骨铺装和悬浮铺装的工艺难度高，人工费也较高。

（4）成品套装木门的安装费一般在 60~100 元之间；高分子木门需要打垫层、贴面板等，安装工序复杂，安装费一般在 80~120 元之间；钢木门或免漆门安装工艺最为简单，安装费一般在 40~60 元之间。

（5）洁具安装按个数计费，也就是说，坐便器、洗面盆、淋浴花洒等项目均单独收费。

第四章

装修辅材
市场价格

4

装修公司提供的装修预算表中，经常会在各个施工项目上罗列所需的装修辅材，这些辅材名称各异、价格不一，但总的来说，预算表中的辅材价格都不高，有些与人工费持平，而大部分辅材价格都远低于主材价格。因此，我们常常会陷入一个误区，辅材总价不高，对装修总价的影响不大。其实不然，装修辅材在价格上可能只是几元的上下浮动，但在工程量较大的情况下，装修总价会出现较大的差别。

想在装修辅材上节省支出，并获得质优价廉的材料，需要对装修辅材的市场价格有整体性的了解。装修辅材主要分为五类，分别是水电类辅材，例如水管、电线等；泥瓦类辅材，例如水泥、河沙、红砖等；木作类辅材，例如石膏板、木龙骨、细木工板等；油漆类辅材，例如石膏粉、腻子粉等；软装类辅材，例如筒灯、射灯、五金配件等。

实际上，了解装修辅材市场价格的过程，就像驾驶汽车行驶在一条不熟悉的道路上，前期需要导航系统的帮助。而在多次行驶后，就能做到驾轻就熟，完全依靠自己的判断和经验。

了解装修辅材也是如此，借助书本中学到的知识，以及建材市场中的实践，就能买到高性价比的装修辅材。

4.1 水管、电线、防水涂料等水电辅材价格

水电辅材（图4-1）是用于水电隐蔽工程铺设水路、连接电路的专用辅材。水电辅材涉及的材料多且庞杂，以给水管为例，其涉及的水管配件就多达十余种，有些用于给水管的90°直角连接，有些用于45°角连接，有些则用于给水管的直线连接等等。因此，需要将水电辅材细化分类，掌握水电的核心辅材，其余的辅材配件也就较容易掌握。

图4-1 水电辅材

4.1.1 给水管及配件市场价格

1. PPR给水管

住宅装修常用的给水管为PPR材质，学名为三型聚丙烯管，可以用作冷水管，也可以用作热水管。通常热水管的管壁上有红色的细线，冷水管的管壁上有蓝色的细线。PPR管具有耐腐蚀、强度高、内壁光滑不结垢等特点，使用寿命可达50年，是目前家装市场中使用最多的管材（图4-2）。

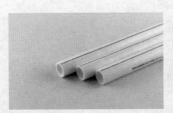

图4-2 PPR给水管

市场价格	PPR给水管4分管（直径20mm）每米市价约为5~10元 PPR给水管6分管（直径25mm）每米市价约为15~21元
材料说明	PPR给水管一根标准管长为4m，因管材直径大小不同分为4分管、6分管等，管壁厚度有2.3mm、2.8mm、3.5mm、4.4mm等等。通常管壁越厚，价格越高
用途说明	是用于住宅供水的专用管材，集中出现在厨房、卫生间、阳台等空间

2. PPR 给水管直接

PPR 给水管直接是指将两根 PPR 给水管直线连接起来的配件，一般多用于直线长距离给水管的连接中。常见的种类包括直接接头（图 4-3）、异径直接（图 4-4）、过桥弯头（图 4-5）、内丝直接（图 4-6）、外丝直接（图 4-7）等等。

图 4-3　直接接头

图 4-4　异径直接

图 4-5　过桥弯头

图 4-6　内丝直接

图 4-7　外丝直接

市场价格	直接接头每个市价约为 3~8 元 异径直接每个市价约为 4~10 元 过桥弯头每个市价约为 11~18 元 内丝直接每个市价约为 31~38 元 外丝直接每个市价约为 38~44 元
材料说明	直接接头有四分直接、六分直接、一寸直接等等 异径直接有六分变四分直接、一寸变六分直接、一寸变四分直接等等 过桥弯头有四分过桥弯头、六分过桥弯头、一寸过桥弯头等等 内丝直接有四分内丝直接、六分内丝直接、一寸内丝直接等等 外丝直接有四分外丝直接、六分外丝直接、一寸外丝直接等等
用途说明	直接接头用于连接两根等径的 PPR 给水管，如两根 4 分（直径为 20mm）管的连接 异径直接用于连接两根异径的 PPR 给水管，如 4 分管和 6 分（直径为 25mm）管的连接 过桥弯头用于十字交叉处的两根等径 PPR 给水管的连接 内丝直接和外丝直接用于给水管末端和阀门处的连接。内丝直接和外丝直接一段是塑料，另一段是金属带丝，塑料段和 PPR 给水管热熔连接，丝扣段和金属件连接

3. PPR 给水管弯头

PPR 给水管弯头是指将两根 PPR 给水管呈 90°或 45°角连接的配件，一般多用于给水管转角处，型号包括 90°弯头（图 4-8）、45°弯头（图 4-9）、活接内牙弯头（图 4-10）、外丝弯头（图 4-11）、内丝弯头（图 4-12）和双联内丝弯头（图 4-13）等多种配件。

图 4-8　90°弯头

图 4-9　45°弯头

图 4-10　活接内牙弯头

图 4-11　外丝弯头

图 4-12　内丝弯头

图 4-13　双联内丝弯头

市场价格	90°弯头每个市价约为 5~13 元 45°弯头每个市价约为 4~12 元 活接内牙弯头每个市价约为 19~28 元 外丝弯头每个市价约为 39~45 元 内丝弯头每个市价约为 32~39 元 双联内丝弯头每个市价约为 64~70 元
材料说明	90°弯头有四分 90°弯头、六分 90°弯头、一寸 90°弯头等等 45°弯头有四分 45°弯头、六分 45°弯头、一寸 45°弯头等等 活接内牙弯头有四分活接内牙弯头 外丝弯头有四分外丝弯头、六分外丝弯头、一寸外丝弯头 内丝弯头有四分内丝弯头、六分内丝弯头、一寸内丝弯头 双联内丝弯头有四分双联内丝弯头、六分双联内丝弯头
用途说明	90°弯头和 45°弯头用于给水管转弯处的连接，采用热熔方式将两根 PPR 给水管连接到一起 活接内牙弯头采用螺纹连接方式，相比较热熔连接的 90°弯头和 45°弯头，其具有便于拆卸和维修的优点 外丝弯头和内丝弯头是采用螺纹连接的方式将 PPR 给水管末端和阀门连接到一起 双联内丝弯头用于淋浴处冷热水管的连接

4. PPR 给水管三通

PPR 给水管三通是指将三根 PPR 给水管呈直角连接在一起的配件，包括等径三通（图4-14）、异径三通（图4-15）、外丝三通（图4-16）和内丝三通（图4-17）等多种配件。

图 4-14　等径三通

图 4-15　异径三通

图 4-16　外丝三通

图 4-17　内丝三通

市场价格	等径三通每个市价约为 9~13 元 异径三通每个市价约为 15~23 元 外丝三通每个市价约为 45~59 元 内丝三通每个市价约为 38~44 元
材料说明	等径三通有四分等径三通、六分等径三通、一寸等径三通 异径三通有六分变四分异径三通、一寸变四分异径三通、一寸变六分异径三通 外丝三通有四分外丝三通、六分外丝三通、一寸外丝三通 内丝三通有四分内丝三通、六分内丝三通、一寸内丝三通
用途说明	等径三通用于三根直径相同的 PPR 给水管的连接 异径三通用于两根直径相同、一根直径不同的 PPR 给水管的连接 外丝三通和内丝三通用于 PPR 给水管末端和阀门的连接，三通的两端为 PPR 给水管，一端为阀门

5. 阀门

阀门是用来开闭管路、控制流向、调节和控制输送水流的管路附件。阀门是水流输送系统中的控制部件，具有截止、调节、导流、防止逆流、稳压、分流或溢流泄压等功能。住宅装修中常见的阀门有冲洗阀（图4-18、图4-19、图4-20）、截止阀（图4-21）、三角阀（图4-22）以及球阀（图4-23）四种。

图4-18 脚踏式冲洗阀

图4-19 旋转式冲洗阀

图4-20 按键式冲洗阀

图4-21 截止阀

图4-22 三角阀

图4-23 球阀

市场价格	脚踏式冲洗阀每个市价约为 55~70 元 旋转式冲洗阀每个市价约为 33~52 元 按键式冲洗阀每个市价约为 65~87 元 截止阀每个市价约为 19~30 元 三角阀每个市价约为 30~50 元 球阀每个市价约为 14~25 元
材料说明	三种类型的冲洗阀均为金属材质 截止阀、三角阀和球阀均有纯金属材质、金属和塑料混合材质。一般来说，纯金属材质的阀门价格更高
用途说明	冲洗阀主要用于卫生间蹲便器、小便器的水流闭合控制 截止阀是一种利用装在阀杆下的阀盘与阀体凸缘部分（阀座）的配合，达到关闭、开启目的的阀门，分为直流式、角式、标准式，还可分为上螺纹阀杆截止阀和下螺纹阀杆截止阀 三角阀管道在三角阀处呈 90° 的拐角形状，三角阀起到转接内外出水口、调节水压的作用，还可作为控水开关 球阀用一个中心开孔的球体作阀芯，旋转球体控制阀的开启与关闭，来截断或接通管路中的介质，分为直通式、三通式及四通式等

4.1.2 排水管及配件市场价格

1. PVC 排水管

PVC 排水管（图 4-24）的抗拉强度较高，有良好的抗老化性，使用年限可达 50 年。管道内壁的阻力系数很小，水流顺畅，不易堵塞。施工方面，管道、管件连接可采用粘接，施工方法简单，操作方便，安装工效高。

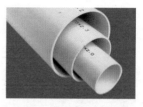

图 4-24 PVC 排水管

市场价格	PVC 排水管每米市价约为 9~22 元
材料说明	PVC 排水管每根标准长度为 4m，住宅装修排水常用到的型号有 50 管（直径 50mm）、75 管（直径 75mm）、110 管（直径 110mm）三种
用途说明	PVC 排水管是用于住宅装修中洗面盆、坐便器、洗菜槽等用水设备的排水管道

2. PVC 排水管弯头

PVC 排水管弯头是指将两根 PVC 排水管呈 90°或 45°粘接在一起的配件，包括 90°弯头（图 4-25）、90°带检查口弯头（图 4-26）、45°弯头（图 4-27）和 45°带检查口弯头（图 4-28）等四种配件。

图 4-25 90°弯头

图 4-26 90°带检查口弯头

图 4-27 45°弯头

图 4-28 45°带检查口弯头

市场价格	90°弯头每个市价约为 4~10 元 90°带检查口弯头每个市价约为 7~12 元 45°弯头每个市价约为 3~9 元 45°带检查口弯头每个市价约为 6~14 元
材料说明	四种类型的 PVC 排水管常用型号有 50 弯头、75 弯头、110 弯头等三种
用途说明	90°弯头和 45°弯头用于地面 PVC 排水管的连接 90°带检查口弯头和 45°带检查口弯头用于墙面 PVC 排水管的连接，便于 PVC 排水管的维修

3. PVC 排水管三通

PVC 排水管三通是指将三根 PVC 排水管粘接到一起的配件，包括 90° 三通（图 4-29）、45° 斜三通（图 4-30）和瓶形三通（图 4-31）等三种配件。

图 4-29　90° 三通　图 4-30　45° 斜三通　图 4-31　瓶形三通

市场价格	90° 三通每个市价约为 7~13 元 45° 斜三通（包含异径 45° 斜三通）每个市价约为 7~15 元 瓶形三通每个市价约为 13~29 元
材料说明	90° 三通有 50 三通、75 三通、110 三通等型号 45° 斜三通有等径斜三通、异径斜三通等型号 瓶形三通有 50 瓶形三通、75 瓶形三通等型号
用途说明	90° 三通和 45° 斜三通用于等径 PVC 排水管的连接 异径 45° 斜三通和瓶形三通用于异径 PVC 排水管的连接。在实际使用过程中，45° 斜三通的实用价值更高，可有效防止排水管发生堵塞等情况

4. PVC 排水管存水弯

PVC 存水弯是在卫生器具排水管上或卫生器具内部设置一定高度的水柱，防止排水管道系统中的气体窜入室内的附件，起到防臭的作用。PVC 存水弯细分为 P 形存水弯（图 4-32）、S 形存水弯（图 4-33）和 U 形存水弯（图 4-34）等三种，每个存水弯上都配置有检查口，便于维修。

图 4-32　P 形存水弯

图 4-33　S 形存水弯

图 4-34　U 形存水弯

市场价格	P 形存水弯每个市价约为 10~22 元 S 形存水弯每个市价约为 10~25 元 U 形存水弯每个市价约为 9~20 元
材料说明	三种类型的存水弯均有 50 存水弯、75 存水弯、110 存水弯等三种型号。在具体细节上，三种存水弯均有带检查口和不带检查口的型号
用途说明	S 形存水弯用于与排水横管垂直连接的位置 P 形存水弯用于与排水横管或排水立管水平直角连接的位置 U 形存水弯用于两根排水管呈 45° 夹角的位置

4.1.3 电线及穿线管市场价格

1. 电线

住宅常用电线主要为塑铜线，也就是塑料铜芯导线，全称为铜芯聚氯乙烯绝缘导线，简称为 BV 线（图4-35）。其中，字母 B 代表类别，属于布导线，所以开头用 B；V 代表绝缘，PVC 聚氯乙烯，也就是塑料，指外面的绝缘层。

图4-35　BV 塑铜线

市场价格	BV 塑铜线每米市价约为 2~12 元
材料说明	BV 塑铜线每 100m 为一卷。住宅常用的塑铜线型号有 1.5mm²、2.5mm²、4mm²、6mm²、10mm²
用途说明	1.5mm² 塑铜线多用于灯具 2.5mm² 塑铜线多用于普通插座 4mm² 塑铜线多用于空调、热水器、厨房电器等大功率插座 6mm² 塑铜线主要用于中央空调等超大功率设备 10mm² 塑铜线主要用于住宅入户的电线

2. 网线

网线是连接电脑、路由器、电视盒子等家用终端设备的专用线，一般由金属或玻璃制成，它可以用来在网络内传递信息。常用的网线有三种，分别是双绞线（图4-36）、光纤（图4-37）和同轴电缆（图4-38）。

图4-36　双绞线　　　　图4-37　光纤　　　　图4-38　同轴电缆

市场价格	双绞线每米市价约为 1~4.5 元 同轴电缆每米市价约为 0.6~3.2 元 光纤每米市价约为 1.5~8 元
材料说明	三种类型网线以光纤的传输效果最好，其次是双绞线，最后是同轴电缆。其中双绞线又分为5 类网线、超 5 类网线、6 类网线、超 6 类网线、7 类网线等等
用途说明	三种类型的网线均用于住宅装修中网络线路的连接

3. 电视线

电视线（图 4-39）是传输视频信号（VIDEO）的电缆，同时也可作为监控系统的信号传输线。电视分辨率和画面清晰度与电视线有着较为密切的关系，电视线的线芯为纯铜或者铜包铝，以及外屏蔽层铜芯的绞数，都会对电视信号产生直接的影响。

图 4-39　电视线

市场价格	电视线每米市价约为 1.2~6.5 元
材料说明	标准电视线一卷的长度为 100m。电视线的最外层为外护套塑料，里面是屏蔽网、发泡层，中心是铜芯线
用途说明	电视线是住宅电视传输视频信号的专用线，可直接连接电视或电视盒子

4. 电话线

电话线就是电话的进户线，连接到电话机上才能打电话，分为 2 芯和 4 芯。导体材料分为铜包钢线芯（图 4-40）、铜包铝线芯（图 4-41）以及全铜线芯（图 4-42）三种。

图 4-40　铜包钢线芯

图 4-41　铜包铝线芯

图 4-42　全铜线芯

市场价格	电话线每米市价约为 0.8~4.2 元
材料说明	铜包钢线芯比较硬，不适合用于外部扯线，容易断芯。但是可埋在墙里使用，只能近距离使用 铜包铝线芯比较软，容易断芯，可以埋在墙里，也可以墙外扯线 全铜线芯比较软，可以埋在墙里，也可以墙外扯线，可以用于远距离传输使用
用途说明	电话线是用于住宅座机电话的专用线

5. 穿线管

穿线管（图 4-43）全称"建筑用绝缘电工套管"。通俗地讲是一种硬质 PVC 胶管，是一种可防腐蚀、防漏电、穿导线用的管子。另外，穿线管另有一种作为辅助使用的螺纹管（图 4-44），具有柔软度高、防火、防漏电等特点。

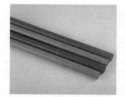

图 4-43 穿线管

图 4-44 螺纹管

市场价格	穿线管每米市价约为 1.2~2.8 元 螺纹管每米市价约为 0.5~1.4 元
材料说明	穿线管为硬质 PVC 阻燃材质，每根穿线管标准长度为 4m 螺纹管为软质 PVC 阻燃材质，一卷螺纹管的标准长度为 50m
用途说明	穿线管和螺纹管均用于住宅电线的穿线，在一般情况下，大面积平坦位置使用穿线管，局部穿线管不便铺设的位置使用螺纹管

4.1.4 防水材料市场价格

1. 聚氨酯防水涂料

聚氨酯防水涂料（图 4-45）是由异氰酸酯、聚醚等经加成聚合反应而成的含异氰酸酯基的预聚体，配以催化剂、无水助剂、无水填充剂、溶剂等，经混合等工序加工制成的单组分聚氨酯防水涂料。

图 4-45 聚氨酯防水涂料

市场价格	聚氨酯防水涂料每桶（涂刷面积 6~8m²）市价约为 280~570 元
材料说明	聚氨酯涂料具有强度高、延伸率大、耐水性能好等特点。对基层变形的适应能力强。它是空气中的湿气接触后固化，在基层表面形成一层坚固坚韧的无接缝整体防膜
用途说明	用于涂刷卫生间、厨房、阳台等墙地面的防水

2. 聚合物水泥基防水涂料

聚合物水泥基防水涂料（图 4-46）是由合成高分子聚合物乳液（如聚丙烯酸酯、聚醋酸乙烯酯、丁苯橡胶乳液）及各种添加剂优化组合而成的液料和配套的粉料（由特种水泥、级配砂组成）复合而成的双组份防水涂料，既有合成高分子聚合物材料弹性高的特点，又有无机材料耐久性好的特点。

图 4-46 聚合物水泥基防水涂料

市场价格	聚合物水泥基防水涂料每桶（涂刷面积 6~8m²）市价约为 200~400 元
材料说明	水泥聚合物防水涂料是柔性防水涂料，即涂膜防水。所谓涂膜防水，也就是 JS- 复合防水涂料
用途说明	用于涂刷卫生间、厨房、阳台等墙地面的防水

3. K11 防水涂料

K11 防水涂料（图 4-47），由独特的、非常活跃的高分子聚合物粉剂及合成橡胶、合成苯烯酯等所组成的乳液共混体，加入基料以及适量化学助剂和填充料，经塑炼、混炼、压延等工序加工而成的高分子防水材料。

图 4-47 K11 防水涂料

市场价格	K11 防水涂料每桶（涂刷面积 6~8m²）市价约为 250~450 元
材料说明	K11 防水涂料可在潮湿基面上施工，即可直接粘贴瓷砖等后续工序；抗渗、抗压强度较高，具有负水面的防水功能；无毒、无害，可直接用于水池和鱼池；涂层具有抑制霉菌生长的作用，能防止潮气、盐分对饰面的污染
用途说明	用于涂刷卫生间、厨房、阳台等墙地面的防水

4. 防水卷材

防水卷材是一种可卷曲的片状防水材料。它是将沥青类或高分子类防水材料浸渍在胎体上制作成的防水材料产品，以卷材形式提供，称为防水卷材（图4-48）。防水卷材有良好的耐水性，对温度变化的稳定性（高温下不流淌、不起泡、不淆动；低温下不脆裂），并且具有一定的机械强度、延伸性和抗断裂性，有一定的柔韧性和抗老化性等特点。

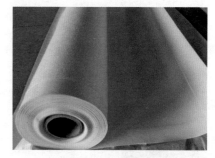

图4-48　丙纶布防水卷材

市场价格	丙纶布防水卷材每平方米市价约为8.5~16元
材料说明	防水卷材具有施工方便、工期短、成形后无须养护、不受气温影响、环境污染小等特点。防水卷材空铺时能有效地克服基层应力，在基层发生较大裂缝时依然能保持防水层整体性
用途说明	用于卫生间、厨房、阳台等墙地面的防水层

4.2　水泥、河沙、红砖等泥瓦辅材价格

泥瓦辅材（图4-49）是用于泥瓦工砌墙、铺砖等施工过程中的基础性材料，其中主要的辅材有水泥、河沙、红砖等材料，这类材料涉及的工程量较多，市场价格透明。但对于大多数业主来说，辅材的可选择性不多，因为水泥、河沙通常被小区物业承包，业主只能通过与物业合作的厂家购买。同时，泥瓦辅材的市场价格浮动较大，可以根据自己对水泥、河沙市价和质量的了解，将泥瓦辅材价格控制在合理的范围。

图4-49　泥瓦辅材

4.2.1 水泥市场价格

图4-50 袋装水泥

水泥是粉状水硬性无机胶凝材料,加水搅拌后成浆体,能在空气或水中硬化,并能把砂、石等材料牢固地胶结在一起。水泥(图4-50)作为住宅装修中的泥瓦类辅材,是必不可少的一种材料,可将地砖、墙砖、红砖等材料牢固地黏合在一起。

市场价格	水泥每袋(50kg)市价约为150~350元
材料说明	水泥为粉状材料,遇水后会迅速凝结,硬化后不但强度高,而且还能抵抗淡水或盐水的侵蚀
用途说明	是用于砌砖墙、铺地砖、贴墙砖的黏合材料

4.2.2 沙子类辅材市场价格

1. 河沙

河沙(图4-51)是天然石在自然状态下经水的作用力长时间反复冲撞、摩擦产生的,其成分较为复杂,表面有一定光滑性,是杂质含量多的非金属矿石。河沙颗粒圆滑,比较洁净,来源广。河沙经烘干筛分后可广泛用于各种干粉砂浆,例如保温砂浆、粘接砂浆和抹面砂浆就是以水洗、烘干、分级河沙为主要骨料的。因此,河沙在建筑施工以及装修方面有着不可替代的作用。

图4-51 颗粒均匀的河沙

市场价格	河沙每立方米(1.3~1.6吨)市价约为150~200元 筛选好的河沙价格比普通河沙要高出1/3左右
材料说明	河沙的沙粒都是比较适中的,因此用在住宅装修施工中的效果比较好
用途说明	是用于砌砖墙、铺地砖、贴墙砖的黏合材料

2. 海沙

海沙（图4-52）中常混有贝壳和盐分，大部分海沙含有过量氯离子，会腐蚀钢筋混凝土当中的钢筋，最终导致建筑结构被破坏，在一定程度上会缩短建筑物的安全使用寿命。但部分地区因海沙的价格较河沙便宜，所以常有商家以海沙充当河沙卖给业主的情况，需要引起注意。

图4-52 细如粉末状的海沙

市场价格	海沙每立方米（1.3~1.6吨）市价约为100~180元
材料说明	从外形来看，河沙颜色较暗，海沙颜色较亮；海沙较细，有些甚至呈粉末状，而河沙较粗
用途说明	海沙含盐分比较重，而盐分对混凝土和钢筋都有腐蚀作用，因此不适合用在住宅装修中

4.2.3 砖材类辅材市场价格

1. 红砖

红砖（图4-53）也叫粘土砖，表面呈红色，有时呈暗黑色。它是由粘土、页岩、煤矸石等为原料，经粉碎，以及混合捏炼后以人工或机械压制成型，再由高温炼制而成。

图4-53 优质红砖

市场价格	红砖每块市价约为0.4~1元
材料说明	标准红砖尺寸为240mm×115mm×53mm
用途说明	用于住宅装修中的隔墙砌筑。根据红砖的尺寸，新砌墙分为12墙（120mm厚）、24墙（240mm厚）和单坯墙（60mm厚）三种类型

2. 轻质砖

轻质砖也被称为发泡砖，是室内隔墙采用较多的砌墙砖（图4-54）。轻质砖可有效减小楼面负重，同时隔音效果又不错。

图4-54 轻质砖砌筑的隔墙

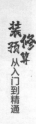
市场价格	8cm 厚轻质砖（尺寸 600mm×300mm×80mm）每块市价约为 3~5 元 10cm 厚轻质砖（尺寸 600mm×300mm×100mm）每块市价约为 4~7 元 12cm 厚轻质砖（尺寸 600mm×300mm×120mm）每块市价约为 5~8 元 20cm 厚轻质砖（尺寸 600mm×300mm×200mm）每块市价约为 8~13 元
材料说明	住宅装修中常用轻质砖的标准尺寸为 600mm×300mm×100mm。在施工方面，轻质砖具有良好的可加工性，施工方便简单，由于块大、质轻，可以减轻劳动强度，提高施工效率，缩短建设工期
用途说明	用于住宅装修中的隔墙砌筑

4.3 石膏板、细木工板、铝扣板等木作辅材价格

木作辅材（图 4-55）是用于木工制作吊顶、柜体、墙面造型等施工过程中的基础性材料，其中主要的辅材有石膏板、细木工板、木龙骨、轻钢龙骨、铝扣板、PVC 扣板等。木作辅材对于木工工种来说是核心的施工材料，无论是造型精美的吊顶、样式繁复的电视背景墙造型都需要石膏板、细木工板等来实现制作。对业主而言，木作辅材的市场价格也是较为透明的。

图 4-55　木作辅材

4.3.1 板材类辅材市场价格

1. 石膏板

石膏板（图 4-56）是以建筑石膏为主要原料制成的一种材料。它是一种重量轻、强度较高、厚度较薄、加工方便以及隔音绝热和防火等性能较好的建筑材料，在住宅装修的吊顶施工中有着不可替代的作用。

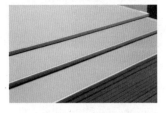

图 4-56　纸面石膏板

市场价格	纸面石膏板每张市价约为 16~34 元
材料说明	石膏板可细分为纸面石膏板、无纸面石膏板、装饰石膏板、纤维石膏板等等。其中，住宅装修中多用纸面石膏板
用途说明	用于住宅装修中客厅、餐厅、卧室、书房等空间的吊顶，不适合用在卫生间、厨房等空间，因为这两处空间水汽较大，石膏板长期经水汽浸泡，会发生脱皮、变形等现象

2. 细木工板

细木工板（图 4-57）是指在胶合板生产基础上，以木板条拼接或空心板作芯板，两面覆盖两层或多层胶合板，经胶压制成的一种特殊胶合板。细木工板的特点主要由芯板结构决定。

图 4-57　细木工板

市场价格	细木工板每张市价约为 150~200 元
材料说明	住宅装修只能使用 E1 级以上的细木工板。如果产品是 E2 级的细木工板，即使是合格产品，其甲醛含量也可能超过 E1 级细木工板 3 倍多，因此不能用于住宅装修中
用途说明	用于住宅装修中的墙面造型、柜子、隔墙以及吊顶等处

3. 密度板

密度板（图 4-58）全称为密度纤维板，是以木质纤维或其他植物纤维为原料，经纤维制备，施加合成树脂，在加热加压条件下压制成的板材。

图 4-58　密度板

市场价格	密度板每张市价约为 48~85 元
材料说明	密度板按其密度可分为高密度纤维板、中密度纤维板和低密度纤维板。密度板具有结构均匀，材质细密，性能稳定，耐冲击，易加工等特点
用途说明	用于住宅装修中的柜子、桌子、床等处

4. 免漆生态板

免漆生态板是将带有不同颜色或纹理的纸放入生态板树脂胶粘剂中浸泡，然后干燥到一定固化程度，将其铺装在刨花板、防潮板、中密度纤维板、胶合板、细木工板或其他硬质纤维板表面，经热压而成的免漆装饰板（图 4-59）。

图 4-59 免漆生态板

市场价格	免漆生态板每张市价约为 150~185 元
材料说明	免漆生态板具有表面美观、施工方便、生态环保、耐划、耐磨等特点。免漆生态板由于不需要表面喷漆等二次工艺，被广泛地运用在板式家具制作中
用途说明	用于住宅装修中的衣柜、橱柜、书桌以及卫浴柜等处

5. 饰面板

饰面板（图 4-60）全称为装饰单板贴面胶合板，它是将实木精密刨切成厚度为 0.2 mm 以上的薄木皮，以胶合板为基材，经过胶黏工艺制作而成的具有单面装饰作用的装饰板材。

图 4-60 饰面板

市场价格	饰面板每张市价约为 45~70 元
材料说明	饰面板有人造薄木贴面与天然木质单板贴面的区别。前者纹理基本为通直纹理，纹理图案较规则；而后者为天然木质花纹，纹理图案自然变异性较大，无规则
用途说明	是用于住宅装修中各类柜体表面的装饰板材

6. 指接板

指接板（图4-61）由多块木板拼接而成，上下不再粘压夹板，由于竖向木板间采用锯齿状接口，类似两手手指交叉对接，使得木材的强度和外观质量获得增强改进，故称指接板。

图4-61 指接板

市场价格	指接板每张市价约为130~210元
材料说明	指接板分为有节与无节两种，有节的存在疤眼，无节的不存在疤眼，较为美观，表面不用再贴饰面板。另外，指接板分为明齿和暗齿，暗齿最好，因为明齿在上漆后较易出现不平现象，当然暗齿的加工难度要大些 . 木质越硬的板越好，因为它的变形要小得多，且花纹也会美观些
用途说明	用于住宅装修中的墙面造型、柜子、桌子等处

7. 胶合板

胶合板（图4-62）是由木段旋切成单板或由木方刨切成薄木，再用胶粘剂胶合而成的三层或多层的板状材料，通常用奇数层单板，并使相邻层单板的纤维方向互相垂直胶合而成。

图4-62 胶合板

市场价格	胶合板每张市价约为40~75元
材料说明	胶合板与其他板材的尺寸一致，长宽规格为1 220mm×2 440mm。胶合板的厚度规格一般有3mm、5mm、9mm、12mm、15mm、18mm等等。主要树种有榉木、山樟、柳桉、杨木、桉木等等
用途说明	用于住宅装修中的柜子、桌子等处

8. 刨花板

刨花板（图4-63）也叫颗粒板，是将各种枝芽、小径木、速生木材、木屑等切削成一定规格的碎片，经干燥后拌以胶料、硬化剂、防水剂等，在一定的温度压力下压制成的一种人造板。

图4-63 刨花板

市场价格	刨花板每张市价约为 80~160 元
材料说明	刨花板按产品分为低密度、中密度、高密度三种，其规格较多，厚度从 1.6mm 到 75mm 不等，以 19mm 为标准厚度
用途说明	用于住宅装修中的墙面造型基层、橱柜内柜、楼梯踏脚板等处

9. 实木板

实木板（图 4-64）就是采用完整的木材（原木）制成的木板材。实木板板材坚固耐用、纹路自然，大都具有天然木材特有的芳香，具有较好的吸湿性和透气性，有益于人体健康，不易造成环境污染，是制作高档家具、住宅装修的优质板材。

图 4-64 实木板

市场价格	实木板（纯实木）每张市价约为 600~850 元 实木板（拼接）每张市价约为 190~370 元
材料说明	实木板分纯实木和拼接两种，纯实木是指板材由一整张实木制成，拼接是指板材由多块实木拼成
用途说明	用于住宅装修中的墙面造型、墙裙等处

4.3.2 龙骨类辅材市场价格

1. 木龙骨

木龙骨（图 4-65）俗称木方，主要由松木、椴木、杉木等木材进行烘干刨光加工成截面为长方形或正方形的木条，是住宅装修中最为常用的骨架材料。

图 4-65 木龙骨

市场价格	木龙骨每根（3.8m 长）市价约为 6~10 元
材料说明	木龙骨是住宅装修中常用的一种材料，有多种型号，用于撑起外面的装饰板，起支架作用。天花吊顶的木龙骨一般以樟松、白松木龙骨较多
用途说明	用于住宅装修中的吊顶、隔墙等处

2. 轻钢龙骨

轻钢龙骨（图4-66）是一种新型的建筑材料，具有重量轻、强度高、防水、防震、防尘、隔音、吸音、恒温等特点，同时便于施工，可缩短施工期。

图4-66 轻钢龙骨

市场价格	轻钢龙骨每米市价约为2.4~5.5元
材料说明	轻钢龙骨每根长度不固定，住宅装修中一般选用3m一根的。它按断面形式有V形、C形、T形、L形、U形龙骨
用途说明	用于住宅装修中的吊顶、隔墙等处

4.3.3 石膏类辅材市场价格

1. 石膏线

石膏线（图4-67）是以建筑石膏为原材料制成的一种装饰线条，具有防火、防潮、保温、隔音等功能。石膏线根据模具及制作工艺，可制作出各种花型、造型的石膏线条，既可表现出欧式风格，又可呈现出简约与大气。

图4-67 多种样式的石膏线

市场价格	石膏线每米市价约为2~7元
材料说明	每根石膏线的标准长度为2.5m，宽度一般为80~150mm。石膏线的价格受宽度、花型的影响较大，一般宽度越大、花型越复杂的石膏线，市场售价越高
用途说明	用于住宅装修中的吊顶、墙面造型等阴角处

2. 实木线

实木线（图4-68）是指以整根实木为原材料，经过切割、雕花等工艺制作而成的装饰线条，一般在实木线条制作完成后，表面喷涂清漆或混油漆，具有高档、奢华的装修效果。

图4-68 实木线

市场价格	实木线每米市价约为 10~18 元
材料说明	实木线多采用高密度硬质木材为原料,因此具有较高的硬度、耐磨度,装饰在柜子或墙体表面,不易磕碰
用途说明	用于住宅装修中的吊顶、墙面造型等阴角处,以及柜体、桌子等边角处

3. 石膏雕花

石膏雕花(图 4-69)是以建筑石膏为原料制作成的具有固定形状的墙顶面装饰材料。其中常见的石膏雕花有圆形、椭圆形、直角形等多种形状,因其花型繁复精美,常被用来设计到欧式、美式等家居风格中。

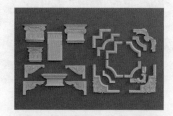

图 4-69 多种样式的石膏雕花

市场价格	石膏雕花每块市价约为 60~180 元
材料说明	石膏雕花花型多样,造型精美,可根据住宅实际情况进行定制,但一般定制的石膏雕花价格要高出 3 倍
用途说明	用于住宅装修中的吊顶、墙面造型等处

4.4 石膏粉、腻子粉等漆类辅材价格

漆类辅材(图 4-70)是用于室内墙面粉刷、木制家具粉刷等施工过程中的基础性材料。以墙面漆为例,在涂刷乳胶漆之前,需要对粗糙的墙体进行处理,经过涂刷墙固、石膏粉找平、腻子粉打磨等工序,才能正式涂刷乳胶漆。漆类辅材的种类以及市场价格并不复杂,这主要源于辅材的品牌并不杂乱,材料也较为透明的缘故。

图 4-70 漆类辅材

4.4.1 墙面漆类辅材市场价格

1. 墙固

图 4-71 桶装墙固

墙固（图 4-71）是一种墙面固化剂，属于绿色环保、高性能的界面处理材料。墙固具有优异的渗透性，能充分浸润墙体表面，使混凝土墙体密实，提高光滑界面的附着力。

市场价格	墙固每桶（18kg）市价约为 125~170 元
材料说明	墙固多为彩色，涂刷在墙体表面，可起到固化混凝土墙体硬度的作用。较为明显的效果是可减少墙面裂缝、脱皮等情况
用途说明	用于住宅装修中墙、地面的固化涂刷；在石膏粉、腻子粉之前涂刷

2. 石膏粉

图 4-72 袋装石膏粉

石膏粉（图 4-72）是五大凝胶材料之一，通常为白色或无色，无色透明晶体称为透石膏，有时因含杂质而成灰色、浅黄色、浅褐色等。石膏粉因对墙体有良好的粘结作用，被广泛运用在室内装修中。

市场价格	石膏粉每袋（20kg）市价约为 35~65 元
材料说明	石膏粉的粘结性好，不易产生脱落现象，但并不适合直接涂刷在墙体表面，需要加入滑石粉，以增加施工的便捷性
用途说明	石膏粉一般用来做基层处理，例如填平缝隙、阴阳角调直、毛坯房墙面第一遍找平等等

3. 腻子粉

图 4-73 袋装腻子粉

腻子粉（图 4-73）分为内墙和外墙两种，住宅装修所使用的腻子粉属于内墙腻子粉。内墙腻子粉综合指数较好，健康环保，因此涂刷在室内不会造成环境污染。

市场价格	腻子粉每袋（20kg）市价约为 15~45 元
材料说明	腻子粉的主要成分是滑石粉和胶水，整体呈白色。通常质量较好的腻子粉白度在 90 以上，细度在 330 以上
用途说明	腻子粉是用来修补、找平墙面的一种核心材料，一般墙面越粗糙，腻子粉的附着力越高。在腻子粉施工处理完成后，即可在表面涂刷乳胶漆，或粘贴壁纸

4.4.2 木器漆类辅材市场价格

1. 清漆

图 4-74　清漆涂刷效果

清漆（图 4-74）是一种由硝化棉、醇酸树脂、增塑剂及有机溶剂调制而成的透明漆，属挥发性油漆，具有干燥快、光泽柔和等特点。同时，清漆分为高光、半哑光和哑光三种，可根据需要选用。

市场价格	清漆每升市价约为 38~98 元
材料说明	清漆的成膜效果和流平性较好，因此如出现了漆泪，再刷一遍，漆泪就可以重新溶解，家具涂刷之后的光泽度很好
用途说明	用于木制柜体内部、原木色家具表面的涂刷

2. 色漆

图 4-75　色漆涂刷效果

色漆（图 4-75）的颜色多样，即可涂刷成蓝、白等纯色，也可涂刷成各类木纹样式，因此色漆的色彩和光泽具有独特的装饰性能。色漆与清漆相比，其附着力更强、硬度更大，因此具有耐久、耐磨、耐水、耐高温等优异性能。

市场价格	色漆每升市价约为 46~100 元
材料说明	色漆的主要功能是着色、遮盖与装饰，有多种颜色和纹理可供选择。另外，色漆具有浓厚的味道，家具涂刷后，需要开窗通风晾晒一段时间
用途说明	用于木制柜体的柜门、木制家具、地中海风格家具表面的涂刷

4.5 筒灯、灯带、开关插座等灯具辅材价格

筒灯、灯带等是用于室内吊顶中的辅助照明灯具，通常嵌在吊顶内部，不显露光源的位置；开关插座是用于控制灯具明暗的工具，通常安装在墙面距地 1.2~1.25m 的位置。灯具辅材（图 4-76）的价格高低主要受照明质量和品牌的影响，但并不意味着品牌越大，筒灯质量越好，不同的品牌擅长的灯具种类不同。例如，一些生产吊灯、吸顶灯等装饰灯具的厂家，生产的筒灯、射灯、灯带的质量并不一定优良。

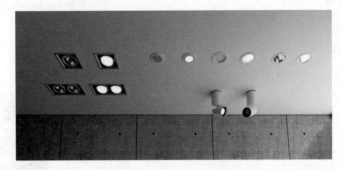

图 4-76 多种多样的灯具辅材

4.5.1 灯具类辅材市场价格

1. 筒灯

筒灯（图 4-77）是一种嵌入到天花板内光线下射式的照明灯具，这种嵌装于天花板内部的隐置性灯具，所有光线都向下投射，属于直接配光。可以用不同的反射器、镜片、百叶窗、灯泡来取得不同的光线效果。

图 4-77 筒灯

市场价格	筒灯每个市价约为6~45元
材料说明	筒灯不占据空间，可增加空间的柔和气氛，如果想营造温馨的感觉，可试着装设多盏筒灯，减轻空间压迫感
用途说明	是用于住宅客厅、餐厅、卧室、书房、卫生间、厨房等空间的照明光源

2. 射灯

射灯（图 4-78）是典型的无主灯、无定规模的现代流派照明，能营造室内照明气氛，若将一排小射灯组合起来，光线能变幻奇妙的图案。由于小射灯可自由变换角度，因此组合照明的效果也千变万化。射灯光线柔和，雍容华贵，其也可局部采光，烘托气氛。

图 4-78 射灯

市场价格	射灯每个市价约为 12~75 元
材料说明	射灯可安装在吊顶四周或家具上部、墙内、墙裙或踢脚线里。光线直接照射在需要强调的家具器物上，有突出主观审美的作用，达到重点突出、环境独特、层次丰富、气氛浓郁、缤纷多彩的艺术效果
用途说明	是用于住宅客厅、餐厅、卧室、书房、卫生间、厨房等空间的照明光源

3. 灯带

灯带（图 4-79）是一种以柔性 LED 灯条制作而成的条状照明灯具，通常嵌入在吊顶的边角凹槽内。由于灯带的照明效果微弱，灯光渲染氛围出色，因此不能像筒灯一样充当照明光源使用，其更适合作为氛围光源，设计在各处不同空间中。

图 4-79 灯带

市场价格	灯带每米市价约为 6~25 元
材料说明	灯带使用的 FPC 材质柔软，可以任意弯曲、折叠、卷绕，可在三维空间随意移动及伸缩而折断；其适合于不规则的吊顶和空间狭小的吊顶，也因其可以任意地弯曲和卷绕，适合用在墙面造型墙中，任意组合各种图案
用途说明	是用于住宅客厅、餐厅、卧室、书房、卫生间、厨房等空间的照明光源

4. 轨道灯

轨道灯（图 4-80）是指安装在一个类似轨道上的灯，可以任意调节照射角度，也可以随意调节轨道灯之间的距离。轨道灯上安装的灯具一般为射灯，因为射灯的照明集中度高，且有精致的光斑，可以照射在需要重点照明的地方。

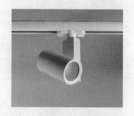

图 4-80 轨道灯

市场价格	轨道灯每米（含3~6个射灯）市价约为80~150元
材料说明	轨道灯的轨道内部含有电压输入，在轨道内部的两侧含有导电金属条，而轨道灯的接头处有可旋转的导电铜片。在安装时，轨道灯上面的导电铜片接触到轨道内部的导电金属条，就可实现轨道灯通电，即可点亮轨道灯
用途说明	是用于住宅客厅、餐厅，以及商场、会所等空间的照明光源

5. 斗胆灯

斗胆灯（图4-81）也就是格栅射灯，之所以人们称其为"斗胆"，是因为灯具内胆使用的光源外形类似"斗"状。斗胆灯的照明效果优秀，在现代、简约等风格的家居中常会代替吊灯、吸顶灯作为客厅、餐厅的主照明光源。

图4-81 斗胆灯

市场价格	斗胆灯（含2~3个射灯）每个市价约为90~180元
材料说明	斗胆灯面板采用优质铝合金型材，经喷涂处理，呈闪光银色，防锈、防腐蚀
用途说明	是用于住宅客厅、餐厅、卧室、书房、卫生间、厨房等空间的照明光源

4.5.2 开关插座市场价格

1. 开关

开关是指可以使电路开路、使电流中断或使其流到其他电路的电子元件。随着技术的迭代与进步，现已有多种不同类型的开关，其中包括普通开关（图4-82）、触摸开关（图4-83）、延时开关（图4-84）和感应开关（图4-85）等等。

图4-82 普通开关

图4-83 触摸开关

图4-84 延时开关

图4-85 感应开关

市场价格	普通开关每个市价约为 6~50 元 触摸开关每个市价约为 60~120 元 延时开关每个市价约为 10~55 元 感应开关每个市价约为 30~100 元
材料说明	普通开关包括单开单控、单开双控、双开双控、多开多控等多种开关类型 触摸开关是指触摸屏开关，可将灯光、空调、智能窗帘等集合在其中 延时开关是指触摸延时开关，按下按钮后，灯光会延长一段时间后自动关闭 感应开关包括声控感应和光学感应两种，也就是说，既可以通过声音控制开关的闭合，也可以通过途经开关触发红外感应器，开关自动闭合
用途说明	用于住宅客厅、餐厅、卧室、书房、卫生间、厨房等各处需要灯光照明的空间

2. 插座

插座是指有一个或一个以上电路接线可插入的排座，通过它可插入各种接线。插座通过线路与铜件之间的连接与断开，来最终达到该部分电路的接通与断开。住宅装修中常用的插座包括五孔插座（图 4-86）、十五孔插座（图 4-87）以及带开关插座（图 4-88）等等。

图 4-86　五孔插座

图 4-87　十五孔插座

图 4-88　带开关插座

市场价格	五孔插座每个市价约为 10~45 元 十五孔插座每个市价约为 35~80 元 带开关插座每个市价约为 15~60 元
材料说明	插座多以塑料材质为主，少数高档插座会采用金属材质。带开关插座内部带有闭合装置，通过开合开关，实现电路的断开与流通
用途说明	五孔插座多用在床头柜、角几或零散用电位置 十五孔插座多用在电视、电脑等用电设备集中的位置 带开关插座多用在厨房、卫生间等水汽多，或安装大功率设备的位置

4.6 门把手、门锁、柜体五金等五金配件辅材价格

五金配件（图4-89）是用于室内门窗、柜体、卫浴等处的辅材，它们属于消耗品，也就是说，日常使用会对五金件造成较大的损耗，致使五金配件经常出现问题，影响门窗、柜体的

图4-89 五金配件辅材

正常使用。因此，在购买五金配件时，不仅需考虑价格因素，更需注重五金配件的质量。五金配件的种类和型号多种多样，从大的方面可分为门窗五金配件、柜体五金配件和卫浴五金配件三类，从具体配件方面又分为门锁、合页、把手等等。

4.6.1 门窗五金配件市场价格

1. 门锁

住宅装修中门锁使用的位置分布在入户防盗门、卧室门、玻璃推拉门等处，这就要求门锁具备安全性、简易性以及便于操作。可以将门锁分为四类，即普通门锁（图4-90）、智能门锁（图4-91）、球形门锁（图4-92）以及玻璃门锁（图4-93）。

图4-90 普通门锁

图4-91 智能门锁

图4-92 球形门锁

图4-93 玻璃门锁

市场价格	普通门锁每个市价约为 100~300 元 智能门锁每个市价约为 300~2 000 元 球形门锁每个市价约为 15~75 元 玻璃门锁每个市价约为 40~130 元
材料说明	普通门锁的锁心安全性高，整体为金属材质 智能门锁内部含有电子元件以及指纹识别系统，增加了门锁使用的便捷性以及安全性 球形门锁制作工艺相对简单，造价低，具有较高的性价比 玻璃门锁可固定在透明玻璃上，作为安全门锁使用
用途说明	普通门锁和智能门锁主要用于入户防盗门，而球形门锁和玻璃门锁主要用于室内卧室门与玻璃推拉门

2. 把手

把手分为门把手（图 4-94）和窗把手（图 4-95），通常门把手多为金属材质，造型精美，可选择样式多；窗把手多为塑料材质，和窗户材质的统一性高，使用方便。

图 4-94　门把手　　　　　　图 4-95　窗把手

市场价格	门把手每个市价约为 25~80 元 窗把手每个市价约为 10~65 元
材料说明	门把手以金属材质为主，少数也设计有木材质和塑料材质的门把手，其造型多样，一般工艺越复杂的，市价越高 窗把手以简单实用为主，鲜有花哨的外形设计，多以塑料材质为主
用途说明	门把手用于室内套装门、推拉门等处。窗把手用于塑钢窗、铝合金窗等处

3. 合页

合页是一对金属片，一片用来固定门窗框（图 4-96），一片用来固定门窗扇（图 4-97），安装好之后门窗框和门窗扇被固定在相对应的位置上，并且能够灵活转动。

图 4-96　门合页　　　　　　图 4-97　窗合页

市场价格	门窗合页每副市价约为 7~15 元
材料说明	合页常用的材质有铜质、铁质和不锈钢质。三种材质中，以不锈钢质的强度最高，其不会像铜质合页发生变色的问题，也不会像铁质长时间之后会生锈
用途说明	合页用于室内套装门、塑钢窗的连接

4. 门吸

门吸俗称门碰，是一种门扇打开后吸住定位的装置，可以防止风吹或碰触而使门扇关闭。门吸分为永磁门吸（图4-98）和电磁门吸（图4-99）两种，永磁门吸一般用在普通门中，只能手动控制；电磁门吸用在防火门等电控门窗设备中，兼有手动控制和自动控制功能。

图4-98 永磁门吸

图4-99 电磁门吸

市场价格	永磁门吸每个市价约为25~50元 电磁门吸每个市价约为60~140元
材料说明	永磁门吸分地装式和墙装式两种，两者相比较，墙装式更节省空间，当然前提条件是门扇开启后贴近墙面，才可安装墙装式永磁门吸 电磁门吸具有火灾时自动关闭功能，实现"断电关门"
用途说明	用于固定套装门门扇的装置

5. 滑撑

滑撑（图4-100）多为不锈钢材质，是一种用于连接窗扇和窗框，使窗户能够开启和关闭的连杆式活动链接装置。

图4-100 窗户滑撑

市场价格	滑撑每个市价约为10~35元
材料说明	滑撑一般包括滑轨、滑块、托臂、长悬臂、短悬臂、斜悬臂，其中滑块装于滑轨上，长悬臂铰接于滑轨与托臂之间，短悬臂铰接于滑块与托臂之间，斜悬臂铰接于滑块与长悬臂之间
用途说明	用于固定塑钢窗窗扇的装置

4.6.2 柜体五金配件市场价格

1. 三合一连接件

三合一连接件（图4-101）主要用于板式家具的连接，例如板式家具板与板之间的垂直连接，三合一连接件就可以实现两板的水平连接。

图4-101 三合一连接件

市场价格	三合一连接件每套（20 件）市价约为 8~14 元
材料说明	三合一连接件由三部分组成：三合一相当于传统木工里的钉子和槽隼结构，分别是偏心头（又名偏心螺母、偏心轮、偏心件等等）、连接杆（螺栓）、预埋螺母（涨栓、塑料的俗称塑胶粒）三部分
用途说明	是用于以中密度板、高密度板、刨花板为材质的板式家具的连接件

2. 铰链

铰链（图 4-102）是一种"高级合页"，相比较普通合页，铰链可以更好地控制柜体的开合，它具有一定的缓冲作用，可减少柜门关闭时与柜体碰撞产生的噪声。

图 4-102　铰链

市场价格	铰链每个市价约为 2.5~7 元
材料说明	柜体常用的铰链分为大弯、中弯、直弯三种，当柜门与侧板齐平时选择大弯，当柜门只盖住一半侧板时选择中弯，当柜门全盖住侧板时选择直弯
用途说明	用于柜门和柜体的转动连接处

3. 抽屉滑轨

滑轨（图 4-103）又称导轨、滑道，是指固定在家具的柜体上，供家具的抽屉或柜板出入活动的五金连接部件。滑轨适用于橱柜、家具、公文柜、浴室柜等木制与钢制抽屉等家具的抽屉连接。

图 4-103　抽屉滑轨

市场价格	滑轨每组市价约为 14~80 元
材料说明	滑轨常见的有滚轮式、钢珠式、齿轮式三种，其中以齿轮式的较为高档，价格也高；滚轮式与钢珠式相比较，钢珠式的承重效果更好一些
用途说明	用于柜门和柜体的转动连接处

4. 拉篮

拉篮（图4-104）具有防水、防潮等特点，因此常用在橱柜中，作为放置锅碗瓢盆的空间。橱柜里面常用到的功能拉篮有调料拉篮、碗碟篮、锅篮、转角拉篮、怪物拉篮、高深拉篮等等。

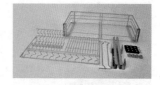

图4-104　橱柜拉篮

市场价格	拉篮每套市价约为 180~340 元
材料说明	拉篮按材质分为铁镀铬拉篮、不锈钢拉篮、铝合金拉篮等，其中性价比较高的为不锈钢拉篮
用途说明	用于橱柜内放置锅碗瓢盆的空间

4.6.3　卫浴五金配件市场价格

1. 淋浴花洒

淋浴花洒（图4-105）是用在卫生间淋浴房内的淋浴装置，包括顶喷、手持花洒和下水三部分。其中顶喷的下水量很足，淋浴的效果很好；手持花洒可以握在手中随意冲淋；下水主要用于集中接水，例如往桶内注满水等。

图4-105　淋浴花洒

市场价格	淋浴花洒每套市价约为 218~480 元
材料说明	淋浴花洒以不锈钢材质为主，少数定位高端的淋浴花洒采用全铜材质。铜材质相比较不锈钢材质的淋浴花洒，其电镀层更厚，结实耐用，且造型多样
用途说明	用在卫生间内的淋浴房里，用于洗澡淋浴

2. 水龙头

水龙头（图4-106）是水阀的通俗称谓，是用来控制水流大小的开关，有节水的功效。安装卫浴空间的水龙头，通常接有冷热水，利用开关控制水流的温度。

图4-106　水龙头

市场价格	水龙头每个市价约为 45~150 元
材料说明	水龙头按结构分类，可分为单联式、双联式和三联式等几种水龙头；单联式可接冷水管或热水管；双联式可同时接冷热两根管道，多用于浴室面盆以及有热水供应的厨房洗菜盆；三联式除了接冷热水两根管道外，还可以接淋浴喷头，主要用于浴缸的水龙头
用途说明	用于卫生间的洗面盆、浴缸、洗衣池等处

3. 置物架

卫浴空间的置物架种类很多，其中包括浴巾架（图 4-107）、毛巾架、纸巾架（图 4-108）、杯架（图 4-109）等，主要用来放置一些日常卫浴用品。置物架通常采用金属材质，因为其具有防水、防潮等功能。

图 4-107　浴巾架　　　　　图 4-108　纸巾架　　　　　图 4-109　杯架

市场价格	浴巾架每个市价约为 25~70 元 纸巾架每个市价约为 15~45 元 杯架每个市价约为 15~30 元
材料说明	卫浴置物架以不锈钢材质为主，因此即使长期经水浸泡也不会生锈，且不锈钢材质的售价较低，更为实用
用途说明	用于卫生间的洗手台、坐便器等卫浴洁具附近

第五章

装修主材
市场价格

主材是住宅装修中非常重要的一环，地砖、木地板、墙面漆、套装门、壁纸、中央空调等都属于主材的范畴。如果主材选购不好，不仅会影响住宅装修完成后的整体效果，更会影响居住者的身体健康。

装修公司预算表中提供的主材，往往是限定品牌的，也就是说，装修公司通常提供给业主三四个主材品牌，业主只能在为数不多的几个品牌中进行选择，若想要的品牌装修公司没有，则需要业主自行购买。因此无论选择装修公司提供的主材，还是自行购买主材，都需要做一些前期调研，对主材的品牌、质量、型号、口碑等关键信息做较为深入的了解，才能保证装修使用到最高性价比的主材。

实际上，掌握装修主材的市场价格并不是一件烦琐复杂的事情，不需要反复地跑建材市场，一一对比了解，这样只会浪费时间，不仅身体受累，知识上也鲜有收获。业主需要在前期将看似庞杂无序的主材合理分类，再去归纳具体的主材，就会生成一个清晰的主材列表，再依主材列表了解其市场价格，就能做到了然于胸。

5.1 瓷砖、大理石等石材价格

瓷砖和大理石等石材（图5-1）种类多样，花色繁多，可选择空间较大，其市场售价高低不等。瓷砖的原材料多由粘土、石英砂等混合而成，除了可模仿石材的纹理和质感外，还有很多创新的花样，好的地砖不仅打理方便，使用寿命也很长。大理石分为天然大理石和人造大理石，两者相比较，前者的石材纹理更自然，而后者的硬度更高，各有优缺点。在选购瓷砖和大理石时，考虑到材料的铺贴面积较大，所以应优先注重质量，再考虑价格，避免因材料损坏更换而产生额外的费用。

图5-1 多种多样的瓷砖和石材

5.1.1 瓷砖市场价格

1. 通体砖

通体砖（图5-2）是将岩石碎屑经过高压压制以后再烧制成的，吸水率比较低，耐磨性好。它的表面不上釉，正面与反面的材质和色泽是一样的。在各类瓷砖中，通体砖是性价比较高的一种瓷砖。

图5-2 色彩多样的通体砖

市场价格	通体砖每平方米市价约为 35~90 元
材料说明	通体砖可选择的颜色较多，但花纹样式比较单一，纹路几乎都是纵向规则的花纹。另外，通体砖易脏，清洁起来比较麻烦
用途说明	因其防滑性较好，适合用于卫生间、厨房、阳台等空间

2. 抛光砖

抛光砖（图5-3）是在通体砖的基础上，在其胚体的表面重复打磨而形成的一种光亮度较高的瓷砖。相对于通体砖而言，抛光砖表面更加光洁。

图5-3 抛光砖

市场价格	抛光砖每平方米市价约为 45~260 元
材料说明	抛光砖坚硬耐磨、抗弯曲强度大。同时，抛光砖基本无色差，选择购买抛光砖，不用担心同一批瓷砖会产生色差问题，可安心铺贴使用
用途说明	适用于客厅、餐厅、过道等空间

3. 玻化砖

玻化砖（图5-4）是由石英砂、泥按照一定比例烧制而成的，然后经过磨具打磨光亮，表面如玻璃镜面一样的光滑透亮，是所有瓷砖中最硬的一种，其在吸水率、平整度、几何尺寸、弯曲强度、耐酸碱性等方面都优于普通釉面砖、天然大理石。

图5-4 玻化砖

市场价格	玻化砖每平方米市价约为 50~320 元
材料说明	玻化砖的外表面经过特殊的工艺加工后能呈现出大理石一样的气质，色调柔和，表面光滑明亮。另外，玻化砖还能加工出天然的、自然生长而又变化各异的仿玉石纹理
用途说明	由于玻化砖经过打磨，毛气孔较大，易吸收灰尘和油烟，因此不适合用于卫生间和厨房

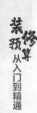
4. 釉面砖

釉面砖（图5-5）是砖的表面经过施釉和高温高压烧制处理的瓷砖，这种瓷砖是由土胚和表面的釉面两个部分组成的，主体又分陶土和瓷土两种，陶土烧制出来的背面呈红色，瓷土烧制的背面呈灰白色。

图5-5　釉面砖

市场价格	釉面砖每平方米市价约为50~400元
材料说明	釉面砖表面可以做各种图案和花纹，比抛光砖色彩和图案丰富，因为表面是釉料，所以耐磨性不如抛光砖
用途说明	因其图案和花纹丰富，是适合用于卫生间和厨房的墙地砖

5. 微晶石

微晶石（图5-6）又被称为微晶玻璃复合板材，是将一层3~5mm的微晶玻璃复合在陶瓷玻化石的表面，经二次烧结后完全融为一体的高科技产品。

图5-6　微晶石

市场价格	微晶石每平方米市价约为300~750元
材料说明	微晶石质地细腻，光泽度好，拥有丰富的色彩，具有玉石般的质感。通过晶化，让石材表面光滑平整，远超出其他石材品类。由于属于微晶材质，对于光线能产生柔和的反射效果，另外生产中使用玻璃基质，因此微晶石表层具有晶莹剔透的效果
用途说明	微晶石质感高档，适合用于客厅、餐厅、过道等空间

6. 仿古砖

仿古砖（图5-7）是釉面砖的一种，胚体为炻瓷质（吸水率3%左右）或炻质（吸水率8%左右）。可以说它是从彩釉砖演化而来的，是上釉的瓷质砖。与普通釉面砖相比，其差别主要表现在釉料的色彩上面。

图5-7　仿古砖

市场价格	仿古砖每平方米市价约为 75~550 元
材料说明	仿古砖所谓的仿古，指的是砖的效果，而非烧制工艺。仿古砖通过样式、颜色、图案，营造怀旧的质感，展现岁月的沧桑和历史的厚重感
用途说明	适合用于客厅、餐厅、过道、厨房、卫生间等空间

7. 木纹砖

木纹砖（图 5-8）是指表面具有天然木材纹理图案的陶瓷砖，分为釉面砖和劈开砖两种。釉面砖是通过丝网印刷工艺或贴陶瓷花纸的方法使产品表面获得木纹图案。劈开砖是采用两种或两种以上烧后呈不同颜色的坯料，用真空螺旋挤出机将其螺旋混合后，通过剖切出口形成的酷似木材的纹理贯通整块产品。

图 5-8 木纹砖

市场价格	木纹砖每平方米市价约为 85~240 元
材料说明	木纹砖看上去和原木非常相似，耐磨且不怕潮湿，由于工艺的不断进步，木纹砖已可仿制橡木、柚木、花梨木、紫檀木、楠木、胡桃木、杉木等数十款顶级木种的纹理
用途说明	木纹砖适合用在卧室代替木地板作为地面铺贴材料

8. 皮纹砖

皮纹砖（图 5-9）是一种仿制动物原生态皮纹的瓷砖，它在视觉上改善了瓷砖带给人坚硬、冰冷的印象，给人以柔和、温馨的质感。由于皮纹砖的制作工艺成熟，对原材料要求不高，因此售价较为"亲民"。

图 5-9 皮纹砖

市场价格	皮纹砖每平方米市价约为 45~180 元
材料说明	皮革制品的缝线、收口、磨边是皮纹砖的标志，皮纹砖不仅有着皮革的视觉质感，还有着类似皮革的凹凸肌理
用途说明	皮纹砖适合用在电视背景墙、床头背景墙等墙面造型中

9. 马赛克瓷砖

马赛克瓷砖（图 5-10）由数十块小瓷砖或小陶片组成，以其小巧玲珑、色彩斑斓的特点成为各类瓷砖中最具装饰效果的瓷砖。由于马赛克的凹纹处不易打理，因此不适合铺贴在地面，或大面积地铺贴在墙面中。

图 5-10　马赛克瓷砖

市场价格	马赛克瓷砖每平方米市价约为 90~430 元
材料说明	马赛克瓷砖因为由小砖组成，可以做一些拼图，产生渐变的效果。这种独一无二的装饰效果是其他瓷砖所不具备的
用途说明	适合用于面积较小的空间，或作为墙面造型装饰砖

5.1.2　天然大理石市场价格

1. 黄色系天然大理石

黄色系天然大理石包括金线米黄（图 5-11）、莎安娜米黄（图 5-12）、洞石（图 5-13）等，其中金线米黄原产地为埃及，莎安娜米黄原产地为伊朗，而洞石的原产地为罗马。

图 5-11　金线米黄

图 5-12　莎安娜米黄

图 5-13　洞石

市场价格	金线米黄每平方米市价约为 140~320 元 莎安娜米黄每平方米市价约为 400~1 100 元 洞石每平方米市价约为 260~480 元
材料说明	金线米黄表面有类似金线的纹理，金线呈不规则线条延伸，质感高贵 莎安娜米黄表面具有类似玉石般的温润质感，色调柔和，给人以温暖舒适的感觉 洞石表面有许多小孔，给人以硬朗的质感
用途说明	适合用于电视背景墙、餐厅背景墙，以及飘窗窗台板等处

2. 绿色系天然大理石

绿色系天然大理石包括大花绿（图5-14）、雨林绿（图5-15）等，其中大花绿产地有中国陕西省、意大利等，以陕西省为主产地；雨林绿的原产地为印度。

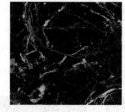

图 5-14 大花绿

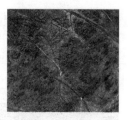

图 5-15 雨林绿

市场价格	大花绿每平方米市价约为 280~350 元 雨林绿每平方米市价约为 560~1 300 元
材料说明	大花绿组织细密、坚实、耐风化、色彩鲜明，石材表面图案像一朵朵飘散的花纹 雨林绿是经过大自然冲刷洗礼出的一种不可复制的纹理及色彩，视觉上带给人一种走进亚马孙雨林的感觉
用途说明	适合用于电视背景墙、餐厅背景墙、床头背景墙等处

3. 白色系天然大理石

白色系天然大理石包括爵士白（图5-16）、雅士白（图5-17）、中花白（图5-18）等，其中爵士白和雅士白的原产地为希腊，中花白原产地为意大利。

图 5-16 爵士白

图 5-17 雅士白

图 5-18 中花白

市场价格	爵士白每平方米市价约为 260~380 元 雅士白每平方米市价约为 650~2 000 元 中花白每平方米市价约为 500~980 元
材料说明	爵士白颜色白色肃静，具有纯净的质感 雅士白是海底的石灰泥渐渐堆积、结晶而成的白云石，底色为乳白色，带有少许灰色纹理 中花白的灰色纹理细密，如网状。硬度高，耐磨性强
用途说明	适合用于电视背景墙、床头背景墙、楼梯踏步等处

4. 黑色系天然大理石

黑色系天然大理石包括黑金沙（图 5-19）、黑金花（图 5-20）、黑白根（图 5-21）等，其中黑金沙的原产地为印度，黑金花的原产地为意大利，黑白根的原产地为中国广西和湖北。

图 5-19　黑金沙　　　　　　　　图 5-20　黑金花　　　　　　　　图 5-21　黑白根

市场价格	黑金沙每平方米市价约为 500~1 000 元 黑金花每平方米市价约为 400~850 元 黑白根每平方米市价约为 240~600 元
材料说明	黑金沙的石材主体为黑色，内含金色沙点，在阳光照射下庄重而剔透的黑亮中，闪烁着黄金的璀璨，像夜空中的点点星光 黑金花有美丽的花纹和颜色，易于加工，且有较高的抗压强度 黑白根是带有白色筋络的黑色致密结构大理石
用途说明	适合用于电视背景墙、餐厅主题墙的局部，以及门槛石等处

5. 灰色系天然大理石

灰色系天然大理石包括海螺灰（图 5-22）、云多拉灰（图 5-23）、波斯灰（图 5-24）等，其中海螺灰原产地为意大利，云多拉灰原产地为土耳其和法国，波斯灰的原产地为中国云南。

图 5-22　海螺灰　　　　　　　　图 5-23　云多拉灰　　　　　　　图 5-24　波斯灰

市场价格	海螺灰每平方米市价约为 450~800 元 云多拉灰每平方米市价约为 290~450 元 波斯灰每平方米市价约为 180~360 元
材料说明	海螺灰石材的纹理酷似一个个海螺堆叠在一起，具有精致的艺术美感 云多拉灰有高级灰的质感，纹理隐秘不张扬，即使大面积地铺贴，衔接处也不会出现明显断纹 波斯灰的放射性低，因此很适合住宅装修中使用，减少对身体造成辐射伤害
用途说明	适合用于电视背景墙、餐厅主题墙，以及楼梯踏步等处

6. 棕色系天然大理石

棕色系天然大理石包括深啡网大理石（图5-25）、浅啡网大理石（图5-26）等，其中深啡网大理石原产地为西班牙，浅啡网大理石原产地为土耳其。

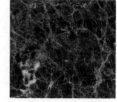

图 5-25　深啡网大理石　　图 5-26　浅啡网大理石

市场价格	深啡网大理石每平方米市价约为 340~650 元 浅啡网大理石每平方米市价约为 280~550 元
材料说明	深啡网属于大理石中的特级品，纹理鲜明呈网状分散，质感极强，纹理深邃，立体层次感强 浅啡网有和深啡网一样的纹理质感，有少量的白花，广度好
用途说明	适合用于电视背景墙、餐厅主题墙、床头背景墙等处

5.1.3　人造大理石市场价格

人造大理石是用天然大理石或花岗岩的碎石为填充料，用水泥、石膏和不饱合聚酯树脂为粘剂，经搅拌成型、研磨和抛光后制成的一种石材。人造大理石按颗粒物质可分为极细颗粒（图5-27）、较细颗粒（图5-28）、适中颗粒（图5-29）以及天然物质人造石（图5-30）等四种。

图 5-27　极细颗粒人造石

图 5-28　较细颗粒人造石

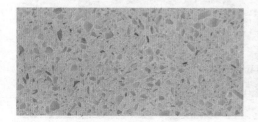

图 5-29　适中颗粒人造石

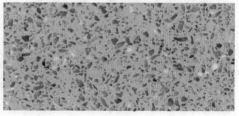

图 5-30　天然物质人造石

市场价格	极细颗粒人造石每平方米市价约为 180~350 元 较细颗粒人造石每平方米市价约为 150~270 元 适中颗粒人造石每平方米市价约为 210~430 元 天然物质人造石每平方米市价约为 240~650 元
材料说明	极细颗粒人造石和较细颗粒人造石相比较，前者颗粒的细密程度更高，整体呈现效果也更好 天然物质人造石相比较适中颗粒人造石，前者颗粒物质更丰富，含有石子、贝壳等天然物质
用途说明	适合用于橱柜台面、窗台板、门槛石等处

5.2 实木地板、复合地板等木地板价格

　　木地板（图5-31）质地柔软，具有冬暖夏凉的功效，是优质的地面铺贴材料。同时，木地板纹理丰富、种类多样，常见的木地板有实木地板、实木复合地板、多层复合地板、强化复合地板、竹木地板以及软木地板等等。其中，实木地板以其原木材质、丰富的木种、多变的纹理，以及较高的质量成为各类木地板中的上等材料，其市场价格也是相对较高的；实木复合地板和强化复合地板以实用性著称，耐刮划、硬度高；竹木地板和软木地板在住宅装修中使用较少，一般多用在写字楼等商业空间。

图 5-31　多种多样的木地板

5.2.1 实木地板市场价格

1. 柚木地板

图 5-32 柚木地板

柚木是一种名贵的木材，有着"万木之王"的美誉，用柚木制作出来的木地板被公认为是最好的木地板（图 5-32），这主要是因为柚木是唯一可经历海水浸蚀和阳光暴晒却不会发生弯曲和开裂的木材。

市场价格	柚木地板每平方米市价约为 600~1 100 元
材料说明	柚木地板重量中等，不易变形，防水，耐腐蚀，稳定性好。柚木含有极重的油质，这种油质使之保持不变形，且带有一种特别的香味，能驱蛇、虫、鼠、蚁。地板刨光面颜色通过氧化而成金黄色
用途说明	适合用于客厅、卧室、书房等空间

2. 樱桃木地板

图 5-33 樱桃木地板

樱桃木是一种坚固、纹理细密、有光泽的褐色或红色木材，用樱桃木制作出来的木地板具有笔直、规则的纹理，而且有深红色的生长纹路（图 5-33）。

市场价格	樱桃木地板每平方米市价约为 350~650 元
材料说明	樱桃木地板色泽高雅，带有温暖的感觉，可装饰出高贵感。同时，樱桃木地板具有硬度低，强度中等，耐冲击，稳定性好，耐久性高等特点
用途说明	适合用于客厅、卧室、书房等空间

3. 黑胡桃木地板

图 5-34 黑胡桃木地板

黑胡桃木是一种边材呈浅黄褐色至浅栗褐色，芯材呈红褐色至栗褐色，有时带紫色的木材。用黑胡桃木制作的木地板具有深色的条纹，给人以沉稳、大气的装饰效果（图 5-34）。

市场价格	黑胡桃木地板每平方米市价约为 500~1 100 元
材料说明	黑胡桃木地板呈浅栗褐色带紫色，色泽较暗，结构均匀，稳定性好，易加工，强度大，结构细，耐腐，耐磨，干缩率小
用途说明	适合用于客厅、卧室、书房等空间

4. 桃花芯木地板

桃花芯木有着波纹涟漪的纹路，色彩凝重大气，是名贵的木材之一。用桃花芯木制作的木地板整体呈浅红褐色，表面有美丽的光泽（图 5-35）。

图 5-35　桃花芯木地板

市场价格	桃花芯木地板每平方米市价约为 450~800 元
材料说明	桃花芯木地板的木质坚硬、轻巧，结构坚固，易加工，色泽温润、大气，木花纹绚丽、漂亮、变化丰富。另外，桃花芯木地板还具有密度中等，稳定性高，干缩率小等特点
用途说明	适合用于客厅、卧室、书房等空间

5. 相思木地板

相思木的木质纹理形似"鸡翅"，因此常用名为"鸡翅木"；又因其种子为红豆，所以也被称为相思木或红豆木。用相思木制作的木地板纹理充满变化、极富装饰性，有股淡淡的楠木香气，因此具有一定的驱虫效果（图 5-36）。

图 5-36　相思木地板

市场价格	相思木地板每平方米市价约为 550~1 250 元
材料说明	相思木地板木材细腻、密度高，呈黑褐色或巧克力色，结构均匀，强度及抗冲击韧性好，耐腐蚀。地板纹理生长轮明显且自然，形成独特的自然纹理，高贵典雅
用途说明	适合用于客厅、卧室、书房等空间

6. 圆盘豆木地板

圆盘豆木的芯材呈金黄褐色至红褐色，纹理细密，木材硬度高，重量沉。用圆盘豆制作的木地板不易变形，有较高的强度，耐磨，防白蚁（图5-37）。

图 5-37 圆盘豆木地板

市场价格	圆盘豆木地板每平方米市价约为 260~480 元
材料说明	圆盘豆木地板颜色较深，分量重，密度大，抗击打能力强。在中档实木地板中，稳定性能较好，脚感较硬，不适合有老人或小孩的家庭使用
用途说明	适合用于客厅、卧室、书房等空间

5.2.2 复合地板市场价格

1. 实木复合地板

实木复合地板（图5-38）是由不同树种的板材交错层压而成，一定程度上克服了实木地板湿胀干缩的缺点，干缩湿胀率小，具有较好的尺寸稳定性，并保留了实木地板的自然木纹和舒适的脚感。

图 5-38 实木复合地板

市场价格	实木复合地板每平方米市价约为 180~360 元
材料说明	实木复合地板兼具强化地板的稳定性与实木地板的美观性，而且具有环保优势
用途说明	适合用于客厅、卧室、书房等空间

2. 多层复合地板

多层复合地板（图5-39）以多层胶合板为基材，表层为硬木片镶拼板或刨切单板，以胶水热压而成。基层胶合板的层数必须是单数，通常为七层或九层，表层为硬木表板，总厚度通常不超过15mm。

图 5-39 多层复合地板

市场价格	多层复合地板每平方米市价约为 150~350 元
材料说明	多层复合地板具有良好的地热适应性能，可应用在地热采暖环境，解决了实木地板在地热采暖环境中的难题
用途说明	适合用于客厅、卧室、书房等空间

3. 强化复合地板

强化复合地板（图 5-40）一般由四层材料复合组成，即耐磨层、装饰层、高密度基材层、平衡（防潮）层。强化复合地板也称浸渍纸层压木质地板、强化木地板，合格的强化复合地板是以一层或多层专用浸渍热固氨基树脂组成的。

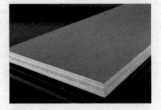

图 5-40　强化复合地板

市场价格	强化复合地板每平方米市价约为 75~190 元
材料说明	强化复合地板表层为耐磨层，它由分布均匀的三氧化二铝构成，能达到很高的硬度，用尖锐的硬物如钥匙去刮，也只能留下很浅的痕迹。强化复合地板的耐污染，抗腐蚀，抗压、抗冲击性能均比其他种类木地板好
用途说明	适合用于客厅、卧室、书房等空间

5.2.3　竹木地板市场价格

竹木地板（图 5-41）是竹材与木材复合生产出来的地板，地板面板和底板采用的是上好的竹材，而其芯层多为杉木、樟木等木材。

图 5-41　竹木地板

市场价格	竹木地板每平方米市价约为 130~190 元
材料说明	竹木地板外观自然清新、纹理细腻流畅、防潮防湿防蚀以及韧性强、有弹性。同时，其表面坚硬程度可以与木制地板中的常见材种如樱桃木、榉木等媲美
用途说明	适合用于客厅、卧室、书房、商业写字楼等空间

5.2.4　软木地板市场价格

图 5-42　软木地板

软木地板（图 5-42）以栓皮栎橡树的树皮为原材料，因此具有极佳的脚感、隔音性与防潮效果。与实木地板相比，软木地板最大的特点是防滑，走在地板上人不易滑倒，增加了地板使用的安全性。

市场价格	软木地板每平方米市价约为 150~460 元
材料说明	软木地板是业内公认的静音地板，因为软木比较软，人走在软木地板上就像走在沙滩上一样非常安静。但软木地板也有缺陷，即不耐磨，清洁起来比较麻烦
用途说明	适合用于客厅、卧室、书房、商业写字楼等空间

5.3　乳胶漆、硅藻泥等装饰漆价格

装饰漆（图 5-43）是指涂刷在墙体表面、具有精美装饰效果的涂料，常见的包括乳胶漆、硅藻泥等等。提到乳胶漆，可能首先考虑的便是乳胶漆的环保性，毕竟劣质的乳胶漆对人体会产生较大的危害。实际上，乳胶漆的环保性与具体品类存在关联，这时就需要对乳胶漆的品类、售价有一定的了解；同样地，硅藻泥因样式、造型的不同，也存在着多样性的选择，往往是花型越复杂、精致，市场价格越高。

图 5-43　色彩丰富的装饰漆

5.3.1 乳胶漆市场价格

1. 水溶性乳胶漆

水溶性乳胶漆（图5-44）主要是指以水为溶剂的乳胶漆，它是以合成树脂乳液为成膜物质，以水为溶剂，加入颜填料和助剂，经过一定工艺过程制成的涂料。也就是说，乳胶漆是合成树脂乳胶固体微粒在水中的分散体和颜填料颗粒在水中分散体的混合物。

图5-44 水溶性乳胶漆

市场价格	水溶性乳胶漆每桶市价约为290~340元
材料说明	水溶性内墙乳胶漆，以水作为分散介质，无有机溶剂性毒气体带来的环境污染问题，透气性好，避免了因涂膜内外温度压力差而导致的涂膜起泡的缺陷
用途说明	适合用于未干透的新墙面涂刷

2. 通用型乳胶漆

通用型乳胶漆（图5-45）是目前市场份额占比最大的一种产品，最普通的为亚光乳胶漆，效果白而没有光泽，刷上确保墙体整洁，具备一定的耐刷洗性，具有良好的遮盖性。

图5-45 通用型乳胶漆

市场价格	通用型乳胶漆每桶市价约为240~320元
材料说明	典型的通用型乳胶漆是一种丝绸墙面漆，手感跟丝绸缎面一样光滑、细腻、舒适，侧墙可看出光泽度，正面看不太明显
用途说明	通用型乳胶漆对墙体要求比较苛刻，如若是旧墙翻新，底材稍有不平，灯光一打就会显示出光泽不一致，因此对施工要求比较高，施工时要求活做得非常细致，才能尽显其高雅、细腻、精致之效果

3. 抗污乳胶漆

抗污乳胶漆（图5-46）并不是指乳胶漆沾染不上污渍，而是它的耐污性相较其他乳胶漆要好一些。例如，抗污乳胶漆对一些水溶性污渍，如水性笔、手印、铅笔等都能轻易擦掉，一些油渍也能沾上清洁剂擦掉，但对一些化学性物质如化学墨汁等，擦拭不能恢复原状。

图5-46 抗污乳胶漆

市场价格	抗污乳胶漆每桶市价约为 300~450 元
材料说明	抗污乳胶漆无污染、无毒、无火灾隐患，易于涂刷、干燥迅速，漆膜耐水、耐擦洗性好，色彩柔和
用途说明	适合用于儿童房、活动室等墙面易沾染污渍的空间

4. 抗菌乳胶漆

抗菌乳胶漆（图 5-47）的出现推动了建筑涂料向健康、环保的方向发展，目前理想的抗菌剂为无机抗菌剂，它有金属离子型无机抗菌剂和氧化物型抗菌剂之分，对常见微生物，如金黄色葡萄球菌、大肠杆菌、白色念珠菌及酵母菌、霉菌等具有杀灭和抑制作用。

图 5-47 抗菌乳胶漆

市场价格	抗菌乳胶漆每桶市价约为 380~600 元
材料说明	抗菌功能是抗菌乳胶漆的主打功能，其次还具有涂层细腻丰满、耐水、耐霉、耐候性等特点
用途说明	适合用于对环保要求较高、水汽较大的空间

5. 叔碳漆

叔碳漆（图 5-48）是起源于欧洲的一款乳胶漆涂料，其基料是叔碳酸乙烯酯的共聚物。叔碳漆具有出色的漆膜性能，同时具有优异的耐受性能、装饰性能、施工性能、环保健康性能，不含甲醛，VOC（挥发性有机化合物）极低。

图 5-48 叔碳漆

市场价格	叔碳漆每桶市价约为 290~500 元
材料说明	叔碳漆具有非常强的耐水性和抗碱性，漆膜细腻平滑坚韧，流平性和抗流流性好，易于施工。同时因为叔碳漆可在无 VOC 的情况下成膜，从而具备了优异的环保健康性能
用途说明	适合用于对环保要求较高、水汽较大的空间

5.3.2 硅藻泥市场价格

1. 肌理硅藻泥

肌理硅藻泥（图5-49）是最常见的硅藻泥类型，表面呈现出具有质感的凹凸纹理，与乳胶漆相比，肌理硅藻泥更具立体感和装饰性，同时漆面耐刮划，不易脱落。

图5-49　常见的肌理硅藻泥样式

市场价格	肌理硅藻泥每平方米市价约为45~60元
材料说明	肌理硅藻泥的表面纹理以细密、规整为主，整体呈现出精致的颗粒质感，单论颗粒样式，选择就多达十余种
用途说明	适合用于客厅、餐厅、卧室、书房等空间的墙面，代替传统的乳胶漆

2. 印花硅藻泥

印花硅藻泥（图5-50），顾名思义，就是指带有印花纹理样式的硅藻泥。与肌理硅藻泥相比，印花硅藻泥的施工难度上升了一个层级，但从装饰效果上来说，印花硅藻泥纹理更丰富，样式的可选择性也更多。

图5-50　常见的印花硅藻泥样式

市场价格	印花硅藻泥每平方米市价约为85~160元
材料说明	印花硅藻泥的印花纹理通常较大，如贝壳、树叶、鲜花等纹理，呈一定规律排列在墙面中，给人以整齐丰富的设计美感
用途说明	适合用于客厅、餐厅、卧室等空间的背景主题墙

3. 艺术硅藻泥

艺术硅藻泥（图 5-51）是指带有艺术造型纹理的硅藻泥，通常以整面墙为背景，制作一幅画、一处山水或一个场景等，它的装饰性强，具有整体感。

图 5-51 艺术硅藻泥

市场价格	艺术硅藻泥每平方米市价约为 180~260 元
材料说明	艺术硅藻泥的样式通常由厂家提供，即厂家会提供近十种艺术纹理供业主选择
用途说明	适合用于客厅、餐厅、卧室等空间的背景主题墙

4. 定制硅藻泥

定制硅藻泥（图 5-52）是艺术硅藻泥的一种延伸，所谓定制，就是厂家可根据业主提供的样式进行设计和施工。一般来说，定制硅藻泥会增加施工的周期和难度，因为厂家需要提前制作模具，模具制作好之后才能进场施工。

图 5-52 定制硅藻泥

市场价格	定制硅藻泥每平方米市价约为 240~350 元
材料说明	定制硅藻泥的定制样式由业主提供，但基底则由厂家提供，一般多采用肌理硅藻泥作为定制硅藻泥的基底
用途说明	适合用于客厅、餐厅、卧室等空间的背景主题墙

5.4 纯纸壁纸、金属壁纸等壁纸价格

壁纸（图 5-53）属于裱糊类的装饰壁材，其花色众多、施工简单，具有极佳的装饰效果。常见的壁纸类型有纯纸壁纸、PVC 壁纸、无纺布壁纸、木纤维壁纸、金属壁纸等等。壁纸材料本身具有较高的环保性，若同时使用环保胶来粘贴就更安全。壁纸与乳胶漆、硅藻泥相比

较，突出柔和、舒适的质感，且多种多样的花纹也使壁纸适应多种家居风格。在价格方面，壁纸几乎涵盖了高、中、低端，无论是追求性价比的群体，还是推崇高端壁纸的业主，都能找到自己想要的产品。

图 5-53 各种类型的壁纸

5.4.1 壁纸市场价格

1. PVC 壁纸

PVC 壁纸（图 5-54）是使用 PVC 高分子聚合物作为材料，通过印花、压花等工艺生产制造的壁纸，分为涂层壁纸和胶面壁纸两类，有较强的质感和较好的透气性，能够较好地抵御油脂和湿气的侵蚀。

图 5-54 PVC 壁纸

市场价格	PVC 壁纸每平方米市价约为 25~40 元
材料说明	PVC 壁纸具有一定的防水性，表面污染后，可用干净的海绵或毛巾擦拭。其施工方便，耐久性强
用途说明	适合用于住宅中除了卫生间、厨房之外的其他空间

2. 无纺布壁纸

无纺布壁纸（图 5-55）也叫无纺纸壁纸，是高档壁纸的一种，业界称其为"会呼吸的壁纸"，主材为无纺布，又称不织布，由定向的或随机的纤维而构成，拉力很强。

图 5-55 无纺布壁纸

市场价格	无纺布壁纸每平方米市价约为 65~135 元
材料说明	无纺布壁纸容易分解，无毒，无刺激性，可循环再利用。其色彩丰富，款式多样，透气性好，不发霉发黄，防潮，透气，柔韧，质轻，不助燃
用途说明	适合用于住宅中除了卫生间、厨房之外的其他空间

3. 纯纸壁纸

纯纸壁纸（图5-56）是一种全部用纸浆制成的壁纸，消除了传统壁纸PVC的化学成分，具有透气性好，并且吸水吸潮、防紫外线等优点。在耐擦洗性能上比无纺布壁纸好，比较好打理。装饰效果自然，手感光滑，触感舒适。

图5-56 纯纸壁纸

市场价格	纯纸壁纸每平方米市价约为55~160元
材料说明	纯纸壁纸打印面纸采用高分子水性吸墨涂层，用水性颜料墨水便可以直接打印，打印图案清晰细腻，色彩还原好，颜色生动亮丽，对颜色的表达更加饱满
用途说明	适合用于住宅中除了卫生间、厨房之外的其他空间

4. 编织类壁纸

编织类壁纸（图5-57）以草、麻、木、竹、藤、纸绳等天然材料为主要原料，是由手工编织而成的高档壁纸。编织类壁纸的装饰效果出色，但不容易打理，表面容易积累灰尘。

图5-57 编织类壁纸

市场价格	编织类壁纸每平方米市价约为70~180元
材料说明	编织类壁纸透气性能好，具有天然感和质朴感，适合人流较少的空间，不适合潮湿的环境，受潮后容易发霉
用途说明	适合用于住宅中除了卫生间、厨房之外的其他空间

5. 木纤维壁纸

木纤维壁纸（图5-58）的主要原料是木浆聚酯合成的纸浆，绿色环保，透气性高，花色丰富，适用于各种家居风格中。另外，木纤维壁纸还具有卓越的抗拉伸、抗扯裂强度，是普通壁纸的8~10倍。

图5-58 木纤维壁纸

市场价格	木纤维壁纸每平方米市价约为60~150元
材料说明	木纤维壁纸相较其他壁纸，其使用寿命较长，而且易清洗，即使表面有轻微的污渍，用抹布就能擦洗掉
用途说明	适合用于住宅中除了卫生间、厨房之外的其他空间

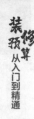

6. 金属壁纸

金属壁纸（图5-59）是将金、银、铜、锡、铝等金属，经特殊处理后，制成薄片贴饰于壁纸表面制成的壁纸。金属壁纸质感强，空间感强，繁富典雅，高贵华丽。

图5-59　金属壁纸

市场价格	金属壁纸每平方米市价约为30~95元
材料说明	金属壁纸有两种类型，一种是全部金属面层的款式，比较华丽，构成的线条颇为粗犷奔放，适合适当地做点缀使用，能不露痕迹地带出一种炫目和前卫；另一种是局部使用金属的款式，多数为仅花纹部分使用金属层，相较来说较为低调一些，可以大面积地使用
用途说明	适合用于住宅装修的吊顶中，例如金箔壁纸和银箔壁纸

7. 植绒壁纸

植绒壁纸（图5-60）是以无纺纸、玻纤布为底纸，绒毛为尼龙毛和粘胶毛制成的一种壁纸。植绒壁纸的立体感比其他任何壁纸都要出色，绒面带来的图案使表现效果非常独特。相较PVC壁纸来说，植绒壁纸不易打理，尤其是劣质的植绒壁纸，沾染污渍后很难清洗，所以需要特别注重质量。

图5-60　植绒壁纸

市场价格	植绒壁纸每平方米市价约为85~200元
材料说明	植绒壁纸有明显的丝绒质感和手感，质感清晰、细腻，不反光，无异味，不易褪色，具有良好的消音、耐磨特性
用途说明	适合用于住宅中除了卫生间、厨房之外的其他空间

5.4.2　壁布市场价格

1. 锦缎壁布

锦缎壁布（图5-61）是以锦缎为原材料制成的一种壁布。锦缎是中国传统丝织物，用锦缎制作的壁布，具有浓郁的中国风，适合用在中式、新中式等家居风格设计中。

图5-61　锦缎壁布

市场价格	锦缎壁布每平方米市价约为 160~250 元
材料说明	锦缎壁布花纹艳丽多彩，质感光滑细腻，吸音效果好，但不耐潮湿，不耐擦洗
用途说明	适合用于住宅中除了卫生间、厨房之外的其他空间

2. 刺绣壁布

刺绣壁布（图 5-62）是在无纺布底层上，用刺绣将图案呈现出来的一种墙布，具有艺术感，非常精美，装饰效果极佳，具有品质感和高档感。

图 5-62　刺绣壁布

市场价格	刺绣壁布每平方米市价约为 180~300 元
材料说明	刺绣壁布刺绣出来的图案立体感强，远观有着类似 3D 般的效果，给人一种独立于墙面而存在的视觉观感
用途说明	适合用于住宅中除了卫生间、厨房之外的其他空间

3. 纯棉壁布

纯棉壁布（图 5-63）是以纯棉布经过处理、印花、涂层而制作出来的一种壁布。这种壁布有着柔和舒适的触感，带给人温馨的感觉。

图 5-63　纯棉壁布

市场价格	纯棉壁布每平方米市价约为 130~280 元
材料说明	纯棉壁布强度大，透气性好。但其表面容易起毛，不能擦洗，不适合潮气较大的环境
用途说明	适合用于住宅中除了卫生间、厨房之外的其他空间

4. 玻璃纤维壁布

玻璃纤维壁布（图 5-64）采用天然石英材料精制而成，表面涂以耐磨树脂，集技术、美学和自然属性为一体。同时，天然的石英材料造就了玻璃纤维壁布环保、健康、超级抗裂的品质。

图 5-64　玻璃纤维壁布

市场价格	玻璃纤维壁布每平方米市价约为 145~250 元
材料说明	玻璃纤维壁布花色品种多，色彩鲜艳，不易褪色，防火性能好，耐潮性强，可擦洗
用途说明	适合用于住宅中除了卫生间、厨房之外的其他空间

5.5 彩绘玻璃、镜面玻璃等装饰玻璃价格

装饰玻璃（图 5-65）主要包含各类镜面玻璃以及一些艺术玻璃，它们可以通过反射影像，模糊空间的虚实界限，扩大空间感。特别是一些光线不足、房间低矮或者梁柱较多无法砸除的户型，使用一些装饰玻璃，可以加强视觉的纵深，制造宽敞的效果；或增添艺术感，为家居空间提升品质感和细节美。玻璃面积越大，市场价格越高，施工越麻烦，所以可以采取小面积的方式来设计，安全性高又可节约资金。

图 5-65 装饰玻璃

5.5.1 镜面玻璃市场价格

1. 银镜

银镜（图 5-66）是指背面反射层为白银的玻璃镜子，例如穿衣镜、浴室镜等均为银镜。银镜的主要目的是通过镜面反射来照射衣着、面容，因此在住宅设计中以实用性为主，装饰性为辅。

图 5-66 银镜

市场价格	银镜每平方米市价约为 35~60 元
材料说明	住宅装修中常用的银镜为 6mm 厚。银镜镜面光滑，反射效果好，但易碎
用途说明	银镜适合设计在卫浴间、入门门厅等处，作为穿衣镜使用。因为银镜对现实场景的反射效果好，适合设计小面积空间，或狭窄逼仄的空间

2. 黑镜

黑镜（图 5-67）又叫黑色烤漆镜，整体呈深黑色，有模糊朦胧的反射效果，设计在墙面中，与白色墙面可形成鲜明对比，增加空间的进深感。

图 5-67　黑镜

市场价格	黑镜每平方米市价约为 75~100 元
材料说明	住宅装修中常用的黑镜厚度为 3~10mm。其中，3mm 厚的黑镜通常设计在吊顶中，因其重量轻；6~10mm 厚的黑镜设计在墙面中
用途说明	黑镜常用来搭配白色雕花格设计在电视背景墙、餐厅主题墙等处，以黑白的对比色突出装饰效果

3. 灰镜

灰镜（图 5-68）是在灰色玻璃上镀一层银粉，然后再粉刷一层或数层高抗腐蚀性环保油漆，并经过一系列的美化和切割工艺，最终制作而成的一种装饰镜。

图 5-68　灰镜

市场价格	灰镜每平方米市价约为 80~110 元
材料说明	灰镜有着冷冽、都市的设计美感，因此将其搭配金属收边框有着时尚、潮流的质感
用途说明	适合以局部造型的形式设计在现代、简约等风格的墙面中

4. 茶镜

茶镜（图5-69）是使用茶晶或茶色玻璃制成的银镜，整体呈茶色、金色、黄色等暖色调。茶镜是在住宅装修中运用最为广泛的一种装饰镜，经常采用车边镜工艺，将其拼贴在背景墙中。

图5-69 茶镜

市场价格	茶镜每平方米市价约为85~130元
材料说明	茶镜制作成车边镜时，会将茶镜四周边框倒成斜角，一般为30°~45°
用途说明	茶镜有着高贵、奢华的装饰感，常被用来设计在欧式、法式、美式等风格的住宅中

5.5.2　艺术玻璃市场价格

1. 彩绘玻璃

彩绘玻璃（图5-70）是用特殊颜料直接着墨于玻璃上，或者在玻璃上喷雕出各种图案再加上色彩制成的一种装饰玻璃。

图5-70 彩绘玻璃

市场价格	彩绘玻璃每平方米市价约为280~320元
材料说明	彩绘玻璃可逼真地对原画进行复制，画膜附着力强，可进行擦洗，可将绘画、色彩、灯光融于一体，可将大自然的生机与活力剪裁入室，图案丰富亮丽
用途说明	适合用在推拉门中，或室内装饰窗中

2. 琉璃玻璃

琉璃玻璃（图5-71）是将玻璃烧熔，加入各种颜色，在模具中冷却成型制成的一种装饰玻璃。琉璃玻璃的色彩极为鲜艳和丰富，装饰效果优异，但面积都很小，价格昂贵。

图5-71 琉璃玻璃

市场价格	琉璃玻璃每平方米市价约为500~900元
材料说明	琉璃玻璃具有别具一格的造型，丰富亮丽的图案，变幻莫测的纹路，既可展现出古老的东方韵味，又可体现出西方的浪漫情怀
用途说明	适合背景墙中的局部造型设计

3. 雕刻玻璃

雕刻玻璃（图 5-72）是采用化学药剂——蚀刻剂腐蚀玻璃雕刻出来的一种装饰玻璃。制作时，则是将待刻玻璃洗净晾干平置，于其上涂布用汽油融化的石蜡液作为保护层，于固化后的石蜡层上雕刻出所需要的文字或图案。

图 5-72　雕刻玻璃

市场价格	雕刻玻璃每平方米市价约为 180~280 元
材料说明	雕刻玻璃可在玻璃上雕刻各种图案和文字，最深可以雕入玻璃的 1/2 处，立体感强，工艺精湛
用途说明	适合设计在推拉门、玻璃隔断墙中

4. 冰花玻璃

冰花玻璃（图 5-73）是一种利用平板玻璃，经特殊处理形成具有不自然冰花纹理的装饰玻璃。冰花玻璃可用无色平板玻璃制造，也可用茶色、蓝色、绿色等彩色玻璃制造。

图 5-73　冰花玻璃

市场价格	冰花玻璃每平方米市价约为 160~290 元
材料说明	冰花玻璃有着良好的透光性能，具有较好的装饰效果
用途说明	适合设计在推拉门、玻璃隔断墙中

5. 压花玻璃

压花玻璃（图 5-74）也称花纹玻璃，其玻璃上的花纹和图案漂亮精美，看上去像压制在玻璃表面，装饰效果较好。

图 5-74　压花玻璃

市场价格	压花玻璃每平方米市价约为 145~230 元
材料说明	压花玻璃能阻挡一定的视线，同时又有良好的透光性。为避免尘土的污染，安装时要注意将印有花纹的一面朝向内侧
用途说明	适合设计在推拉门、玻璃隔断墙、门窗玻璃中

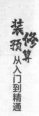

6. 镶嵌玻璃

镶嵌玻璃（图 5-75）可以将彩色图案的玻璃、雾面朦胧的玻璃、清晰剔透的玻璃任意组合，再用金属丝条加以分隔，合理地搭配"创意"，呈现出不同的美感，极具装饰性。

图 5-75　镶嵌玻璃

市场价格	镶嵌玻璃每平方米市价约为 170~330 元
材料说明	由于镶嵌玻璃由多种玻璃组合而成，因此需要金属边框固定才能保证玻璃的稳固性
用途说明	主要运用在玻璃隔断门中

5.6　实木门、推拉门、塑钢窗等门窗价格

门和窗是室内空间的防护罩，门（图 5-76）的使用频率很高，如果只考虑价格因素而购买了劣质门窗，使用时可能会面临门变形、掉皮等诸多困扰，因此想在门上节约资金，不能只看价格，例如可以挑选造型比较简单但质量过硬的款式等；居室窗子如果闭合不严，会有杂音，易受外界噪声困扰，且会有灰尘进入室内空间中，污染室内的环境。通常来说，新房的门窗是比较有质量保证的。如果是二手房，装修门窗部分的资金不宜节省。

图 5-76　各种类型的门

5.6.1　套装门市场价格

1. 实木门

实木门（图5-77）取原木为主材做门芯，经过烘干处理，然后再经过下料、抛光、开榫、打眼等工序加工而成。从施工工艺上看，实木门多采用指接木工艺。指接木是原木经锯切、指接后的木材，性能比原木要稳定得多，能切实保证门不变形。

图5-77　常见的实木门样式

市场价格	实木门每樘市价约为2 800~5 300元
材料说明	实木门选用的多是名贵木材，如胡桃木、柚木、红橡、水曲柳、沙比利等，经加工后的成品门具有不易变形、耐腐蚀、无裂纹及隔热保温等特点
用途说明	实木门质感高档，适合设计在中式、欧式等奢华、大气的空间中

2. 原木门

原木门（图5-78）是指以整块天然木材为原料加工制作而成的木门，其主要特征是制作的门扇各个部件的材质都是同一树种且内外一致的全实木木门。因此，原木门对居室的价值就不仅仅体现在实用性上，其代表着独一无二的装饰性和尊贵感。

图5-78　常见的原木门样式

市场价格	原木门每樘市价约为3 900~5 000元
材料说明	原木门因选用树种的不同，能呈现出变化多端的木质纹理及色泽。原木门在材质选择上要兼顾不同木质对雕刻的要求，做到材质、颜色、风格、造型的完美结合。选择与居室装饰风格调相一致的原木门，将会令居室增色不少
用途说明	原木门不可复制的纹理和质感，使其适合设计在大空间中，例如别墅、大平层等住宅类型

3. 实木复合门

实木复合门（图 5-79）是指以木材、胶合板材等为主要原料，经复合制成的实型体或接近实型体，面层为木质单板贴面或其他覆面材料的门。也就是说，实木复合门的门芯多以松木、杉木或进口填充材料黏合而成，外贴实木密度板或实木木皮。

图 5-79 常见的实木复合门样式

市场价格	实木复合门每樘市价约为 1 400~2 100 元
材料说明	住宅中使用的实木复合门，其门芯多为优质白松，表面则为实木单板。由于白松密度小、重量轻，且容易控制含水率，因而成品门的重量都很轻，也不易变形、开裂
用途说明	实木复合门是各类套装门中最具性价比的产品，而且门扇造型不受木材控制，因此适合各种户型、各种风格的住宅空间

4. 模压门

模压门（图 5-80）是以胶合材、木材为骨架材料，面层为人造板或 PVC 板等压制胶合或模压成型的中空门。与其他门类相比，模压门重量轻、造型丰富，但质量则远不如其他门类。

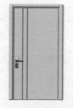

图 5-80 常见的模压门样式

市场价格	模压门每樘市价约为 750~1 250 元
材料说明	模压门分为一次成型模压门和二次成型模压门。其中一次成型模压门的制作工艺相对简单，能够节约生产成本，但成品质量较差；二次成型模压门有一个二次压花成型的生产过程，其质量更好，而且气泡现象要明显少于一次成型模压门
用途说明	模压门的售价低，质量一般，因此适合应用在出租房，或一些低成本、少预算的住宅中

5.6.2　推拉门市场价格

1. 推拉门

推拉门是指通过推或拉来开启或关闭的门。不同于传统的套装门，推拉门具有不占用空间面积、防潮、通透等特点，尤其对一些小面积空间来说，推拉门是最合适的一种隔断门。推拉门按照材质类型可分为四类，分别是铝合金推拉门（图5-81）、实木推拉门（图5-82）、塑钢推拉门（图5-83）和玻璃推拉门（图5-84）；若按照轨道类型，又可分为上滑轨推拉门（图5-85）和下滑轨推拉门（图5-86）两种。

图 5-81　铝合金推拉门

图 5-82　实木推拉门

图 5-83　塑钢推拉门

图 5-84　玻璃推拉门

市场价格	铝合金推拉门每平方米市价约为 380~850 元 实木推拉门每平方米市价约为 550~1 000 元 塑钢推拉门每平方米市价约为 260~580 元 玻璃推拉门每平方米市价约为 180~320 元
材料说明	铝合金推拉门和实木推拉门的差异体现在边框用材上，前者为重量轻、硬度高的铝合金材质，后者为纹理天然、质感高档的实木材质 塑钢推拉门的边框可仿制木纹理，呈现出实木推拉门的设计效果，但市场价格则要比实木推拉门便宜 玻璃推拉门特指淋浴房推拉门，这种推拉门通常为通透的钢化玻璃，上面安装金属边框和拉手
用途说明	铝合金推拉门适合设计在现代、简约、北欧等风格，以及充满设计感的家居风格中；实木推拉门适合设计在中式、欧式、美式等偏古典的家居风格中 塑钢推拉门适合应用在阳台、厨房等空间；玻璃推拉门适合应用在卫生间内的淋浴房中

图 5-85　上滑轨推拉门

图 5-86　下滑轨推拉门

市场价格	上滑轨推拉门每平方米市价约为 580~1 400 元 下滑轨推拉门每平方米市价约为 220~600 元
材料说明	上滑轨推拉门是近几年开始流行的一种新型轨道推拉门，因为滑轨被安装在上面，可以保证地面的平整和延续性，而且也不用担心滑轨积灰、难清洁等问题 铝合金推拉门、实木推拉门、塑钢推拉门属于下滑轨推拉门，这种推拉门具有耐用、稳固等特点
用途说明	上滑轨推拉门适合应用于强调设计感的空间；下滑轨推拉门适合应用于任何需要安装推拉门的空间

2. 折叠门

折叠门（图 5-87）主要由门框、门扇、传动部件、转臂部件、传动杆、定向装置等组成。每樘门至少有两个门扇，常见的为四门扇折叠门，分为边门扇、中门扇各两扇。边门扇边框与中门扇之间由铰链连接。

图 5-87　常见的折叠门样式

市场价格	折叠门每平方米市价约为 450~700 元
材料说明	折叠门有较好的保温性和密封性，可以隔冷隔热，隔绝油烟，防潮防火，降低噪声
用途说明	折叠门打开后可以一推到底，非常节省空间，因此适合应用在狭窄或狭长的空间中。另外，折叠门通常为上滑轨式推拉门，因此也适合应用在半敞开式的书房中

5.6.3 室内窗市场价格

1. 塑钢窗

　　塑钢窗（图5-88、图5-89、图5-90）是以PVC树脂为主要原料，加上一定比例的稳定剂、着色剂、填充剂、紫外线吸收剂等，经挤压制作而成的窗户。因此，塑钢窗具有良好的保温性，隔音效果佳，即使经过阳光长时间直射，也不会发生老化问题。

图5-88　平开塑钢窗　　　　　图5-89　推拉塑钢窗　　　　　图5-90　下悬塑钢窗

市场价格	塑钢窗每平方米市价约为210~300元
材料说明	塑钢窗的边框呈乳白色，中间为中空隔音玻璃，具有隔音、隔热等特点。塑钢窗按照开窗方式又分为平开窗、推拉窗、下悬窗等等
用途说明	平开塑钢窗适合应用在卧室、书房等空间；推拉塑钢窗适合应用在客厅、阳台等空间；下悬塑钢窗适合应用在厨房、卫生间等空间

2. 断桥铝窗

　　断桥铝窗（图5-91）是以铝合金为原料制作成的窗户，之所以不称其为铝合金窗，是因为铝合金是金属，导热比较快，所以当室内外温度相差很多时，铝合金就可以成为传递热量的一座"桥"，这样的材料做成门窗，它的隔热性能不佳。而断桥铝是将铝合金从中间断开，它采用硬塑将断开的铝合金连为一体，这样热量就不易通过整个材料散发出去，增强了窗户的隔热性能。

图5-91　断桥铝窗

市场价格	断桥铝窗每平方米市价约为280~650元
材料说明	断桥铝窗不像塑钢窗一样边框限定为乳白色，其既可制作成棕色的仿木纹材质，也能保留铝合金材质的金属质感。在装饰性上，断桥铝窗可以更好地和住宅设计风格融为一体
用途说明	断桥铝窗适合追求设计感、艺术感的住宅空间

5.7 橱柜、衣柜、鞋柜等全屋定制柜体价格

全屋定制柜体（图5-92）是家居设计中的新潮流，是全屋定制中的一个分支。所谓全屋定制，是指住宅内涉及的所有跟木制工艺有关的家具，都可采用定制方式制作而成。而全屋定制柜体显然是其中最为重要的一环，包括定制橱柜、定制衣柜、定制鞋柜、定制酒柜、定制浴室柜等等。这类定制柜体除了橱柜按照延米计费之外，其余柜体的市场计价方式通常按照平方米数收费，以柜体的投影面积或展开面积为标准，乘以每平方米市价，得出定制柜体的总价格。

图5-92 定制柜体

5.7.1 橱柜市场价格

橱柜是指厨房中放置厨具以及烹饪操作的平台，由五个部件组成，分别是柜体、门板、五金件、台面以及电器。定制橱柜的报价中，包含柜体、门板、五金件和台面四个部件，不含电器。定制橱柜若按照门板材质分类，可分为实木橱柜（图5-93）、烤漆橱柜（图5-94）、模压板橱柜（图5-95）和亚克力橱柜（图5-96）四种。

图 5-93 实木橱柜

图 5-94 烤漆橱柜

图 5-95 模压板橱柜

图 5-96 亚克力橱柜

市场价格	实木橱柜每延米市价约为 1 800~3 000 元 烤漆橱柜每延米市价约为 1 350~2 300 元 模压板橱柜每延米市价约为 950~1 400 元 亚克力橱柜每延米市价约为 750~1 000 元
材料说明	实木橱柜的门板以及柜体均采用实木材质，是各类橱柜中用材质量高的橱柜。实木橱柜具有纹理自然、坚固耐用、环保无污染等特点 烤漆橱柜的柜体采用实木颗粒板或胶合板，柜门采用烤漆玻璃，色彩丰富多样，涵盖了白、灰、蓝、红、绿、棕等多种颜色。烤漆玻璃又有磨砂和镜面两种选择 模压板橱柜是以中密度板为原材料的橱柜，因为中密度板具有较高的可塑性，门板可以制作多种造型，既可彰显时尚，又可还原复古。从外形上看，模压板橱柜和实木橱柜很相似，都为木制材料，但不同的是，模压板橱柜没有实木橱柜天然的木纹理和厚重感 亚克力橱柜的特点是色彩丰富，具有良好的通透质感，表面耐擦洗，门板平整简洁。与其他类型的橱柜相比，亚克力橱柜门板的硬度要略差一些
用途说明	实木橱柜具有古典、高贵的质感，适合设计在美式、欧式、中式、法式等古典设计风格中 烤漆玻璃具有时尚的现代质感，适合设计在现代、简约、北欧等设计风格中 模压板橱柜的造型多变，质感时尚，适合设计在简欧、田园等设计风格中 亚克力橱柜的造型简洁平整，适合设计在现代、简约等设计风格中

5.7.2 衣柜市场价格

衣柜是收纳、存放衣物的柜体，通常以木制材料（实木、生态板、密度板、实木颗粒板）、不锈钢、钢化玻璃、五金配件为原材料，在内部制作出分隔挂衣杆、裤架、拉篮、隔层等功能

区。衣柜的柜门有平开门和推拉门两种，平开门多为木制板材，而推拉门则多为玻璃、百叶等门板。为满足人们对衣柜的不同需求，市面上更多的是定制衣柜（图5-97）的样式。

图5-97　常见的定制衣柜样式

市场价格	定制衣柜每平方米（投影面积）市价约为600~1 000元
材料说明	定制衣柜的柜体、门板材料可由业主自主选择，无论是纯实木板材，还是密度板等复合板材都可以选用。相比传统衣柜，业主拥有了更多的选择权。另外，定制衣柜可根据户型量身定制，不浪费空间面积。至于设计样式，定制衣柜有多达数十种选择，可适用各种设计风格
用途说明	定制衣柜具有普适性，各类户型、各种设计风格都可采用定制衣柜

定制衣帽间（图5-98）与定制衣柜的工程量计算方式相同。共有两种工程量计算方式，分别是按投影面积计算和按展开面积计算。所谓投影面积，是指不管衣柜内部设计如何，使用了多少材质或者设计了哪些功能区域以及多少个隔层，其价格只按照投在墙面上的阴影面积计算，然后根据测量所得的面积乘以每平方米的单价得出总价格；所谓展开面积，是指将衣柜的结构完全分拆，将衣柜尺寸面积以及板材、五金等相关配件的单价等全部分开计算，最后相加得出总价格。

图5-98　常见的衣帽间样式

市场价格	衣帽间每平方米（展开面积）市价约为280~860元
材料说明	衣帽间与定制衣柜一样有着多样化的材料选择，只是衣帽间通常不需要柜门。衣帽间通常围绕着墙体建立，有时也作为隔墙，将衣帽间和卧室分隔开
用途说明	衣帽间需要面积较大的独立空间，因此适合设计在卧室内部或附近的独立空间中

5.7.3　鞋柜市场价格

鞋柜（图5-99）是用来放置鞋的柜体，通常设计在入门位置。随着人们对鞋柜功能性的要求越来越高，鞋柜也发展出了悬挂衣物的功能，以及放置钥匙、包包、帽子的平台，对于一些空间较大的入户门厅，还会在鞋柜中设计座椅功能，方便换鞋。

图5-99　常见的鞋柜样式

市场价格	鞋柜每平方米（投影面积）市价约为550~950元
材料说明	鞋柜有着多种多样的款式和制材，例如木制鞋柜、电子鞋柜、消毒鞋柜等，款式各异，功能多样
用途说明	鞋柜适合设计在入户门厅附近，用于更换和悬挂鞋、衣、帽、包等物品

5.7.4　酒柜市场价格

酒柜（图5-100）是用来存放、展示酒的柜体，它以实木、密度板、复合板材等为原料，搭配五金配件制作而成。酒柜可以说是在各类定制柜体中制作工艺最为复杂的，在柜体内部设计有酒格、挂杯架等。

图5-100　常见的酒柜样式

市场价格	酒柜每平方米（投影面积）市价约为 850~1 200 元
材料说明	一个功能齐全的酒柜由地柜、酒格、挂杯架、吊柜、隔层组成，酒柜既可摆放酒具，又可放置工艺品，增加酒柜的装饰性
用途说明	酒柜具有极佳的装饰性，适合设计在餐厅中，或嵌入墙体，或紧贴墙面

5.7.5 电视柜市场价格

电视柜（图 5-101）是用于陈列摆放电视机的一种长方形柜体。如今因电视机可悬挂在墙面上，电视柜开始从实用性柜体向装饰性柜体转变，这就要求电视柜具有美观、装饰、多功能等特点。定制电视柜不仅指放置在电视机下面的柜体，也包括悬挂在电视墙上的柜体，因为这类柜体是统一的，并以组合柜的形式出现。

图 5-101 常见的电视柜样式

市场价格	电视柜每平方米（展开面积）市价约为 230~450 元
材料说明	电视柜多以实木颗粒板、密度板为原料，较少使用实木板。这是因为实木颗粒板、密度板可制作出各种造型，且性价比较高。若使用实木板，则会出现板材浪费的情况
用途说明	电视柜适合设计在悬挂有电视机的空间，如客厅、卧室等空间

5.7.6 浴室柜市场价格

浴室柜（图 5-102）是卫生间安置洗手池、放置物品的柜子，其台面通常为天然石材、人造石材，柜体为实木、密度板、防火板，柜门为模压板、玻璃、金属等材质。定制浴室柜，上述所涉及的材料均可由业主自己决定，包括设计样式，柜体内部结构等等。当然，业主选用的材料越好，总价格也会越高。

图 5-102　常见的浴室柜样式

市场价格	浴室柜每平方米（展开面积）市价约为 360~550 元
材料说明	浴室柜使用的材料应具有防潮、防水功能，并且在安装时，与地面均保持 200mm 以上的距离，以免浸水时，泡到浴室柜
用途说明	浴室柜主要应用在卫生间、淋浴间、阳台等处

5.7.7　储物柜市场价格

储物柜（图 5-103）是存放杂物、不常用物品的柜体，是住宅中必不可少的一类柜体。例如，吊柜、阳台柜等都属储物柜。储物柜和衣柜、鞋柜、酒柜等柜体的主要区别体现在柜体内部空间的划分上，储物柜的内部空间较大，分隔较少，深度较深，以便存放大件物品。

图 5-103　常见的储物柜样式

市场价格	储物柜每平方米（投影面积）市价约为 450~850 元
材料说明	储物柜多以实木颗粒板为柜体材料，模压板为柜门材料，这样制作出来的储物柜，具有较高的性价比，又可满足储物柜所需的实用性
用途说明	储物柜用于存放杂物，因此适合设计在阳台或室内独立的储物间中

5.8 地暖、中央空调、新风系统等设备价格

地暖、中央空调和新风系统是住宅装修中的"三大件"，属于重要的功能性主材，地暖为住宅空间提供热能，中央空调主要起着调节室温的作用，而新风系统则主要为室内更换新鲜空气。这三种设备的作用各不相同，各司其职。地暖主要安装在地面，而中央空调（图5-104）和新风系统安装在吊顶中。在市场价格上，地暖的价格是最高的，其次是中央空调，最后是新风系统。

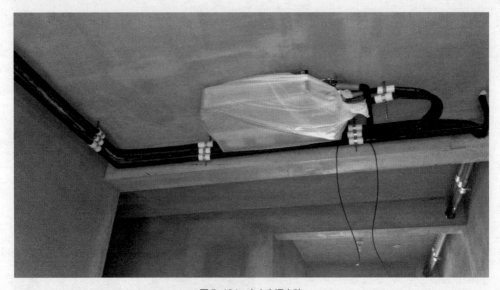

图 5-104 中央空调安装

5.8.1 地暖市场价格

1. 电地暖

电地暖（图5-105）是将外表允许工作温度上限65℃发热电缆埋设地板中，以发热电缆为热源加热地板或瓷砖，以温控器控制室温或地面温度，实现地面辐射供暖的供暖方式，有舒适、节能、环保、灵活、不需要维护等优点。

图 5-105 电地暖

市场价格	电地暖每平方米市价约为 140~320 元
材料说明	电地暖以发热电缆为发热体,铺设在各种地板,如瓷砖、大理石等地面材料下,再配上智能温控器系统,使其形成舒适环保、高效节能、不需要维护、各房间独立使用、寿命长、隐蔽式的地面供暖系统
用途说明	铺设在地面用于室内供暖

2. 水地暖

水地暖(图 5-106)是以温度不高于 60℃的热水为热媒,在埋置于地面以下填充层中的加热管内循环流动,加热整个地板,通过地面以辐射和对流的热传递方式向室内供热的一种供暖方式。

图 5-106 水地暖

市场价格	水地暖每平方米市价约为 80~160 元
材料说明	水地暖通常由热源设备、采暖主管道、分集水器、温控系统、地面结构层等组成。其中地面结构层又分为保温板(挤塑板或苯板)、反射膜、地暖卡钉、钢丝网、边界保温条、不锈钢软管、球阀、弯头、直接等辅助材料
用途说明	铺设在地面用于室内供暖

5.8.2 中央空调市场价格

中央空调(图 5-107)是室内空气、温度的调节系统,由一个或多个冷热源系统和多个空气调节系统组成。中央空调采用液体气化制冷的原理为空气调节系统提供所需冷量,用以抵消室内环境的热负荷;制热系统为空气调节系统提供所需热量,用以抵消室内环境冷暖负荷。冷热源系统中,制冷系统是中央空调系统至关重

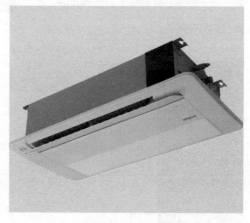

图 5-107 中央空调

要的部分，其采用种类、运行方式、结构形式等直接影响了中央空调系统在运行中的经济性、高效性、合理性。

市场价格	中央空调每平方米市价约为 350~600 元
材料说明	中央空调由压缩机、冷凝器、节流装置以及蒸发器等部件组成。室内中央空调通常用一个外机连接多个内机，也就是俗称的"一拖三""一拖四"。一般外机拖带的内机越多，市场价格越高
用途说明	安装在吊顶中用于室内温度和空气的调节

5.8.3 新风系统市场价格

新风系统（图 5-108）是由送风系统和排风系统组成的一套独立空气处理系统，它分为管道式新风系统和无管道新风系统两种。管道式新风系统由新风机和管道配件组成，通过新风机净化室外空气导入室内，通过管道将室内空气排出；无管道新风系统由新风机组成，同样由新风机净化室外空气导入室内。相对来说管道式新风系统更适合工业或者大面积办公区使用，而无管道新风系统因为安装方便，更适合家庭使用。

图 5-108　新风系统

市场价格	新风系统每平方米市价约为 150~280 元
材料说明	新风系统分为单向流新风系统、双向流新风系统、双向全热交换新风系统三种。其中，双向流新风系统和双向全热交换新风系统是对单向流新风系统的补充，在功能上更完善，送排风效果更好
用途说明	安装在吊顶中用于室内温度和空气的调节

第六章

装饰软装材料
市场价格

　　装饰软装材料的好坏，直接影响住宅装修设计效果，以及居住体验。在选择装饰软装时，首先需对软装类别有清晰的了解，例如沙发、餐桌、床等家具，吊顶、吸顶灯等灯具，坐便器、洗面盆等卫浴洁具，窗帘、床上用品等布艺织物。这些类别的软装，有些属于大件软装，有些属于软装配件，其市场价格差别较大，不具可比性。

　　若想了解具体软装的市场价格，需了解软装单品。以沙发为例，市场上常见的有实木沙发、布艺沙发、皮革沙发等，不同的材质和制作工艺会影响沙发的具体价格，但无论价格多少，总在一个区间之内。因此，只要掌握了单品软装的价格区间，对选购自己心仪、且价格合理的单品软装就非常有把握了。

　　软装材料通常不会在装修公司的预算表中体现出来，这为了解软装材料增加了难度。也就是说，需要经常逛材料市场，才能对软装市场价格有整体性的了解。本章针对软装材料市场价格逐一进行分析，介绍其市场价格、材料特点等，帮助业主快速掌握软装材料相关知识。

6.1 沙发、餐桌、床等家具价格

家具（图6-1）属于住宅中的大件软装，其中包括沙发、茶几、角几、餐桌、餐椅、床、床头柜等，这些软装一方面以组合形式成套出售，沙发、茶几、角几为一套，餐桌、餐椅为一套，床、床头柜为一套；一方面以单品的形式呈现，沙发、茶几、角几等都可以单独出售。无论是购买成套家具，还是单品家具，都需从两方面进行考虑，一是设计搭配的整体性，二是具体市场价格。从市场价格来看，往往成套的家具会更具性价比，但在选购时不能忽略质量问题，因为往往打折促销的家具，或多或少在某些方面存在缺陷。

图6-1 展厅中的各式家具

6.1.1 沙发市场价格

沙发是摆放在客厅、起居室等空间的多座位坐具，以柔软、舒适为主要特征。沙发有多种功能，可坐、可躺、可倚，无论是哪种姿势，都能在沙发上感受到舒适感、放松感。为了满足不同群体的需求，沙发在功能和材质上有许多创新，体现在材质方面的如布艺沙发（图6-2）和皮革沙发（图6-3），实木沙发（图6-4）和藤木沙发（图6-5）；体现在功能方面的如无靠背沙发和固定靠背沙发，L型沙发（图6-6）和组合沙发（图6-7）等等。

图 6-2 布艺沙发

图 6-3 皮革沙发

市场价格	布艺沙发每套市价约为 4 000~8 000 元 皮革沙发每套市价约为 6 500~14 000 元
材料说明	布艺沙发以纯棉、涤纶、棉纶、涤棉混纺等材料为主，制作出的沙发弹性好、强度大、耐磨性强，具有较长的使用寿命。另外，布艺沙发的价格较为亲民，具有较高的性价比，是目前市场中最常用的一类沙发 皮革沙发是以牛皮、猪皮、马皮、羊皮等真皮，真皮沙发革、PU 沙发革、PVC 鞋面革等革为材料制成的沙发。其中，以牛皮制作的皮革沙发质量最为优良，以革质材料制成的沙发耐磨度较差。皮革沙发给人以高档、奢华的质感，但长时间使用后，往往会造成表面皮革因摩擦而老化，因此皮革沙发每三年左右便需要养护一次，以增加沙发的使用寿命
用途说明	布艺沙发适合多种设计风格，其中以现代、简约、田园等家居风格的搭配效果最为出色 皮革沙发适合美式乡村、法式以及欧式古典等设计风格，能展现出高贵、奢华的设计风格

图 6-4 实木沙发

图 6-5 藤木沙发

市场价格	实木沙发每套市价约为 12 000~40 000 元 藤木沙发每套市价约为 7 500~13 500 元
材料说明	实木沙发多以榉木、水曲柳木、橡木、海棠木、红木、黄花梨木、紫檀木等为制作材料。其中以红木、黄花梨木和紫檀木的沙发市场价格最高，这些实木沙发摆放在住宅中就像高贵古董一样，时间越久越值钱；而榉木、水曲柳木制作的实木沙发价格更为亲民 藤木沙发是用藤木经过编织工艺制作而成的沙发，藤木具有柔韧性强、易于加工等特点，因此制作出来的沙发坚韧又有弹性，而且特别耐用
用途说明	实木沙发适合设计在中式、新中式等风格中 藤木沙发具有异域风情，适合设计在东南亚、田园等设计风格中

图 6-6　L 型沙发

图 6-7　组合沙发

市场 价格	L 型沙发每套市价约为 3 000~7 500 元 组合沙发每套市价约为 5 500~12 000 元
材料 说明	L 型沙发通常由一个三人位沙发和一个妃椅拼接而成，整体呈 L 型。这种沙发节省空间面积，且妃椅 位置可躺人，使用起来舒适度高，是目前住宅中最受欢迎的一种沙发形状 组合沙发通常由一个三人座沙发，加一个双人座沙发和一个单人座沙发组合而成，整体成 U 型排列
用途 说明	L 型沙发呈细长形状，适合狭长、面积较小的客厅 组合沙发的占地面积较大，适合有足够宽度、大面积的客厅

图 6-8　单座椅沙发

图 6-9　双座椅沙发

市场 价格	单座椅沙发每套市价约为 1 100~2 800 元 双座椅沙发每套市价约为 2 000~3 200 元
材料 说明	单座椅沙发和双座椅沙发同属于单品沙发，也就是说，这两种沙发都可以和任意类型的沙发形成组合 沙发，当然组合的过程中要注意设计风格的统一
用途 说明	单座椅沙发有移动方便、占地面积小等特点，适合放在客厅、卧室、书房等多处空间 双座椅沙发长度较长，适合靠墙摆放，它适合设计在客厅、书房等空间

6.1.2　茶几市场价格

　　茶几是指摆放在客厅中、沙发前面用于摆放水果、茶具、酒杯、花卉等物品的低矮平台，高度一般与沙发座椅持平。目前，常见的茶几多为玻璃（图 6-10）、大理石（图 6-11）、金属（图 6-12）、木制（图 6-13）等材质，因为这类材质制作出的茶几具有坚固耐用便于清洁等特点。同时，茶几为符合沙发的设计风格，在造型上呈现出丰富多彩的样式，有方形（图 6-14）、圆形（图 6-15）等多种形状。

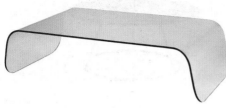

图 6-10 玻璃茶几　　　　　　　　　图 6-11 大理石茶几

市场价格	玻璃茶几每张市价约为 950~1 800 元 大理石茶几每张市价约为 2 300~4 500 元
材料说明	玻璃茶几是以玻璃为主要材料制作而成的茶几，通常茶几的台面为钢化玻璃，茶几框架为木制或金属材质。玻璃茶几的特点就是便于清洁，表面的污渍使用湿抹布便可擦除掉，而且不会留下痕迹 大理石茶几是一种高档茶几，台面采用天然大理石，呈现出丰富的纹理，具有奢华、高贵的装饰效果；大理石茶几较沉重，有厚重感，给人以稳重、大气的设计感
用途说明	玻璃茶几适合设计在现代、简约等追求简洁、时尚的设计风格中 大理石茶几适合设计在欧式、美式、法式等古典主义的设计风格中

图 6-12 金属茶几　　　　　　　　　图 6-13 木制茶几

市场价格	金属茶几每张市价约为 1 000~2 650 元 木制茶几每张市价约为 800~2 300 元
材料说明	金属茶几是以金属为茶几的框架或台面制作而成的茶几，金属通常为不锈钢材质，其重量轻且不会生锈 木制茶几中，实木茶几相较复合板材制作的茶几，无论从质量上还是装饰效果上，都要略胜一筹。木制茶几具有造型多样、纹理丰富等特点
用途说明	金属茶几适合设计在现代、后现代、工业风等追求时尚感的设计风格中 木制茶几适合设计在中式、新中式、日式等设计风格中

图 6-14　方形茶几

图 6-15　圆形茶几

市场价格	方形茶几每张市价约为 750~2 500 元 圆形茶几每张市价约为 900~3 000 元
材料说明	方形茶几是茶几形状的一个类别，包括正方形、长方形、多边形等形状，这类茶几的棱角分明，富于线条感 圆形茶几包括椭圆形、圆形等多种形状的茶几，它们以边角圆润、占地面积小为特征。圆形茶几和方方茶几相比较，前者在安全性上略胜一筹，不易造成磕伤
用途说明	方形茶几适合搭配 U 型组合沙发呈现，可最大化利用空间面积 圆形茶几适合搭配 L 型沙发、长方形沙发呈现，形成点、线、圆搭配的设计美感

6.1.3　角几市场价格

角几是一种比茶几更为小巧灵活的桌几，造型多变不固定。角几一般摆放在角落或沙发侧边，便于桌面放置日常使用的小物件或电话机等。一般分为单层角几（图 6-16）及带抽屉角几（图 6-17）等。

图 6-16　单层角几

图 6-17　带抽屉角几

市场价格	单层角几每张单价约为 280~7 500 元 带抽屉角几每张单价约为 550~1 450 元
材料说明	单层角几具有造型简洁、便于移动等特点，它可由金属、木制、玻璃等多种材质制作而成，简洁大方，强调造型的装饰美感 带抽屉角几的功能性比单层角几要更丰富些，它不仅可以在表面放置小物件，抽屉内也可以储存物品，实用性较高
用途说明	单层角几适合摆放在角落处，上面放置工艺摆件或花卉 带抽屉角几适合摆放在沙发侧边，与沙发、茶几形成一个设计风格统一的组合

6.1.4 餐桌市场价格

餐桌是摆放在餐厅中供进餐之用，通常为四人桌、六人桌或八人桌。餐桌通常由实木（图6-18）、金属（图6-19）、玻璃（图6-20）、大理石（图6-21）等多种材质制作而成，有些为金属加玻璃组合，有些为实木加大理石组合。然后根据设计图纸，将餐桌制作为方形（图6-22）、圆形（图6-23）等多种形状。

图6-18 实木餐桌

图6-19 金属餐桌

图6-20 玻璃餐桌

图6-21 大理石餐桌

市场价格	实木餐桌每张市价约为 8 000~12 000 元 金属餐桌每张市价约为 3 500~9 000 元 玻璃餐桌每张市价约为 1 800~3 700 元 大理石餐桌每张市价约为 3 500~6 000 元
材料说明	实木餐桌是以实木为主要材质制作成的供进餐用的桌子，通常台面和四角为整块实木，边框为拼接实木。常见的实木餐桌材质有水曲柳木、白蜡木等，其中较为高档的材质有红木、黄花梨木等等 金属餐桌的边框和四角通常为不锈钢材质，台面则采用大理石、钢化玻璃等材质。金属餐桌具有耐腐蚀、耐磨损、强度高、坚固耐用等特点 玻璃餐桌采用钢化玻璃为台面材料，将其铺设在以金属、木制料制成的边框上。钢化玻璃的硬度强，耐刮划，防水，防潮，是较为理想的餐桌台面材料 大理石餐桌的台面通常采用整块天然大理石或人造大理石。天然大理石的纹理丰富，装饰效果精美；而人造大理石的硬度强，耐刮划，而且价格更为便宜
用途说明	实木餐桌适合设计在中式、新中式、美式乡村等设计风格中 金属餐桌适合设计在现代、后现代、工业风等设计风格中 玻璃餐桌适合设计在现代、简约等设计风格中 大理石餐桌适合设计在欧式、简欧、北欧等设计风格中

图6-22 方形餐桌

图6-23 圆形餐桌

图6-24 折叠餐桌

图6-25 推拉餐桌

市场价格	方形餐桌每张市价约为2 000~8 500元 圆形餐桌每张市价约为2 400~10 000元 折叠餐桌每张市价约为750~2 000元 推拉餐桌每张市价约为1 450~3 500元
材料说明	方形餐桌包括正方形、长方形等形状，其中以长方形最为常见。长方形餐桌契合现代楼房的住宅格局，可有效利用空间面积，用较少的面积安排下较多的座位 圆形餐桌包括圆形、椭圆形等形状，因圆形餐桌占地面积大，可安排座位多，适合摆放在面积较大的餐厅中；椭圆形餐桌则和长方形餐桌类似，只是边角更加圆润，没有了尖锐的棱角 折叠餐桌和推拉餐桌通常以复合板材为原料，例如指接板、密度板、胶合板等，再搭配五金配件，制作出可折叠、推拉的餐桌
用途说明	方形餐桌适合紧贴墙面，摆放在狭长的餐厅中 圆形餐桌适合摆放在餐厅的中央，适合面积较大、较为方正的餐厅 折叠餐桌和推拉餐桌是专为小户型、小面积的餐厅设计的一种餐桌，当餐桌折叠或推拉收起来时，它便成了两人座的餐桌；当餐桌展开时，它便可以容纳四人或六人就餐

6.1.5 餐椅市场价格

餐椅是专供进餐使用的座椅，通常有舒适的坐垫和靠背，没有侧边扶手，高度在750~800mm 之间。常见的餐椅为布艺餐椅（图 6-26）和皮革餐椅（图 6-27），皮革餐椅材料触感舒适，便于清洁，餐椅的主结构则为木制（图 6-28）或金属（图 6-29）材质。

图 6-26　布艺餐椅

图 6-27　皮革餐椅

市场价格	布艺餐椅每张市价约为 350~980 元 皮革餐椅每张市价约为 550~1 500 元
材料说明	布艺餐椅和皮革餐椅通常以软包的形式呈现，能提供舒适的坐感。布艺餐椅采用的布料多为绒布和麻布，用于制作皮革餐椅的皮料主要有 PU 皮、超纤皮、复古皮等，但无论是哪种布料或皮料，都有丰富的颜色可供选择
用途说明	布艺餐椅适合搭配木制餐桌，给人以柔和、舒适的设计感 皮革餐椅适合搭配大理石餐桌、金属餐桌，给人以高贵、奢华的设计感

图 6-28　木制餐椅

图 6-29　金属餐椅

市场价格	木制餐椅每张市价约为 400~1 100 元 金属餐椅每张市价约为 500~1 200 元
材料说明	木制餐椅材质主要有白蜡木、水曲柳、榉木、橡木等等。其中白蜡木和水曲柳餐椅耐用性比较好，但价格较高 金属餐椅具有时尚简洁、结实耐用、容易打理等特点。金属餐椅的椅面采用多层板一次性热压弯曲而成，表面可贴各种不同颜色的防火板，椅架材质主要有不锈钢和铁管喷涂两种
用途说明	木制餐椅适合搭配木制餐桌，能呈现出舒服、柔和的设计感 金属餐椅适合搭配金属餐桌、大理石餐桌，凸显时尚、个性化的设计感

6.1.6 床市场价格

床是摆放在卧室,满足人们日常睡眠的家具,通常以木材为材料,也可以不锈钢为主要材料。按主要材料可分为实木床(图6-30)、人造板床(图6-31)、铁艺床(图6-32)、藤艺床(图6-33);按造型可分为四柱床(图6-34)、圆形床(图6-35)、沙发床(图6-36)、双层床(图6-37)等等。标配的床一般由多个部件组成,包括床头、床架、床尾、床腿、床板、床垫等,具有阻燃、防鼠、防蛀、耐用、实用简约、美观、易清洁、移动方便、使用安全等特点。

图6-30 实木床

图6-31 人造板床

图6-32 铁艺床

图6-33 藤艺床

市场价格	实木床每张市价约为8 000~15 500元 人造板床每张市价约为3 500~7 000元 铁艺床每张市价约为5 500~12 000元 藤艺床每张市价约为5 000~9 500元
材料说明	实木床是采用实木板材拼接制作而成的家具,其中以红木床最为高档,其次常见的实木床还有水曲柳实木床、榆木实木床、桦木实木床、柳木实木床等等 人造板床是采用刨花板、密度板、胶合板、指接板等复合板材制作而成的家具,因复合板材适于雕刻造型,因此人造板床造型多样,设计充满美感,且具有较高的性价比 铁艺床一般采用静电喷塑、高温烘烤制作而成。铁艺床普遍具有复古的设计感,外观精致,铁艺雕花细腻。同时,铁艺床质量较好,而且环保无污染 藤艺床以藤木为材料,经过编织工艺制作而成。质量较好的藤艺床具有良好的弹性、硬度,并且防潮、防水,不用担心卫生间内的潮气进入卧室,损坏藤艺床的使用寿命
用途说明	实木床适合设计在中式、美式乡村等设计风格中 人造板床适合设计在简欧、田园、地中海等设计风格中 铁艺床具有古典感,适合法式、美式、田园等设计风格 藤艺床具有异域风情,适合东南亚、地中海等设计风格

图6-34 四柱床

图6-35 圆形床

图6-36 沙发床

图6-37 双层床

市场价格	四柱床每张市价约为 7 500~16 000 元 圆形床每张市价约为 11 000~23 000 元 沙发床每张市价约为 3 800~6 500 元 双层床每张市价约为 4 000~8 500 元
材料说明	原始的四柱床的四角各有一根柱子，可以挂上床幔，保护隐私。由于现代卧室通常是封闭空间，四柱上挂床幔便已不再变得必须，而是以装饰为主，凸显出屋主人的尊贵身份 圆形床是指外形呈现为满月状的床，这种床具有浪漫甜蜜的舒适感。床的整体大小比传统的长方形床大很多，可以获得舒适、宽敞的睡眠享受 沙发床是利用沙发的内部空间，在里面安装可拉伸出来的床垫，形成临时的睡眠床。沙发床通常由双人座沙发制作而成，床垫拉开时成为一张舒适的床，而床垫收起时，则成为一个功能完善的双人座沙发 双层床是指上下两层的床，可以高效地利用空间，最大化卧室内的居住需求。住宅中常见的双人床多为儿童床，也被称为子母床，即下面的床较宽，而上面的床较窄
用途说明	四柱床具有古典感，适合设计在中式、欧式、美式等设计风格中 圆形床占地面积较大，适合设计在卧室面积超过 30m² 的空间 沙发床适合摆放在客厅、书房等空间，或者面积较小的户型中 双层床适合摆放在卧室、儿童房等空间

6.1.7 床头柜市场价格

床头柜（图6-38）是摆放在床头左右两侧的小边柜，高度与床持平。床头柜有助于物品的收纳和安放。例如，贮藏于床头柜中的物品，大多为了适应生活起居需要和取用的物品，如药品等；床头柜上摆放的是增添温馨气氛的一些照片、小幅画、插花等等。

图6-38 床头柜

市场价格	床头柜每个市价约为 680~1 900 元
材料说明	床头柜多以实木、复合板材、不锈钢、玻璃等为原料制作而成，它既可陈列物品，又有不错的收纳能力。制作良好的床头柜通常具有防潮、防湿、防水浸、抗冲击、不褪色抗老化、无缝防蟑螂、密闭防鼠、易清洁、精巧、移动方便等特点
用途说明	床头柜适合摆放在床的两侧，紧贴床头背景墙

6.2 吊灯、吸顶灯、台灯等灯具价格

灯具（图 6-39）是居室中的照明光源，其中以吊顶、吸顶灯为主照明光源，台灯、落地灯等为辅助照明光源。主照明光源的作用主要是提亮空间，而辅助照明光源则主要为了渲染氛围和局部照明。目前市场上，吊灯、吸顶灯、台灯、落地灯等灯具的样式多如牛毛，无论喜欢何种设计风格，何类设计材质，都能在品种繁多的灯具中找到自己喜欢的样式。当然，灯具的样式和制作工艺也决定了市场价格，往往工艺越精致的灯具市场价格越高。但是，有些灯具的价格有着虚高的成分，在材质上以次充好，在做工上忽视细节，这些是需要引起注意的。

图 6-39 造型精美的灯具

6.2.1　吊灯市场价格

吊灯是安装在室内天花板上，向下垂吊用于照明的高级装饰灯具。吊灯的种类多样，造型精美，常见的材质有水晶（图6-40）、铁艺（图6-41）、藤艺（图6-42）、石材（图6-43）、木制（图6-44）、布艺（图6-45）等，制作出的灯具或高贵典雅，或时尚精致，具有丰富的装饰美感。

图6-40　水晶吊灯

图6-41　铁艺吊灯

图6-42　藤艺吊灯

图6-43　石材吊灯

市场价格	水晶吊灯每盏市价约为 3 600~6 200 元 铁艺吊灯每盏市价约为 2 350~4 700 元 藤艺吊灯每盏市价约为 2 500~4 800 元 石材吊灯每盏市价约为 3 100~7 600 元
材料说明	水晶吊灯具有代表性的是欧式灯具，水晶分为天然和人造两大类，天然水晶内部有白色的细纹，而人造水晶则是纯透明的。相比之下，天然水晶的效果好但价格高，人造水晶样式多且性价比高 铁艺吊灯主要使用铁艺的位置为灯架部分，常用的有黑漆铁艺、铜和不锈钢，前两种比较复古，后一种比较现代、时尚 藤艺吊灯是以柔软的藤木通过编织造型制作出的吊灯，因为藤木不透光，所以藤木之间通常留有较大空隙，同时会安装在灯泡的上方，防止阻挡光线。藤艺吊灯装饰效果精美，具有天然的质感和较轻的重量 石材吊灯是指吊灯灯罩采用透光石材，灯架采用金属制作出的吊灯。由于石材具有多变的纹理和天然的质感，装饰效果尊贵高档，具有奢华、大气的设计感
用途说明	水晶吊灯适合欧式、法式、简欧等设计风格，因为水晶吊灯的烛台样式与西式风格较为搭配 铁艺吊灯具有复古与时尚元素，适合田园、乡村等复古风格，以及现代、后现代、工业风等设计风格 藤艺吊灯具有异域风情，适合东南亚、田园等设计风格 石材吊灯奢华、大气，适合欧式、美式等设计风格

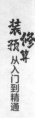

图6-44　木制吊灯

图6-45　布艺吊灯

市场价格	木制吊灯每盏市价约为1 800~8 600元 布艺吊灯每盏市价约为950~3 400元
材料说明	木制吊灯是以实木为主要原料制作而成的吊灯，常见的木制吊灯有经过现代设计理念制成的具有几何形状、时尚质感的吊灯；也有仿制中式宫灯制成的红木色中式吊灯 布艺吊灯是以布艺为灯罩制作而成的吊灯，经过布艺照射出来的灯光具有柔和的光感和温馨的氛围
用途说明	木制吊灯既具有古典韵味，又展现现代质感，适合中式、新中式等设计风格 布艺吊灯造型简洁大方，适合现代、北欧、简约等设计风格

6.2.2　吸顶灯市场价格

吸顶灯是指灯具造型偏平，安装完全紧贴吊顶的一种灯具，看上去给人一种灯具被吸在顶面的感觉。吸顶灯的照明光源以明亮为主，光源有普通白灯泡、荧光灯、高强度气体放电灯、LED灯等等。因为吸顶灯不似吊灯向下悬挂一样占用空间，所以经常被设计在卧室、书房等空间，或层高较低的客厅。根据造型一般分为方罩（图6-46）、圆球（图6-47）、扁圆（图6-48）、半圆球（图6-49）等形状。

图6-46　方罩吸顶灯

图6-47　圆球吸顶灯

市场价格	方罩吸顶灯每盏市价约为870~2 600元 圆球吸顶灯每盏市价约为1 250~3 600元
材料说明	方罩吸顶灯形状多以正方形、长方形为主，再将亚克力灯罩安装到方形灯架上。方罩吸顶通常形体较大，呈扁长形状，与吊顶的固定牢固稳定 圆球吸顶是将一个球形的灯罩固定在底盘上，然后底盘再固定到吊顶中。圆球吸顶灯的立体感强，光照亮度大、光色均匀
用途说明	方罩吸顶灯适合安装在客厅、主卧室等空间方正的空间 圆球吸顶灯适合安装在小书房、阳台、储物间等面积较小的空间

图 6-48 扁圆吸顶灯

图 6-49 半圆球吸顶灯

市场价格	扁圆吸顶灯每盏市价约为 950~3 100 元 半圆球吸顶灯每盏市价约为 1 500~4 300 元
材料说明	扁圆吸顶灯是一种以圆形、椭圆形为主要形状制作而成的吸顶灯，这种吸顶灯的照明面积大、光度强。若吸顶灯照明采用柔和的透光材质，照射出来的光源具有温馨、舒适的光感 半圆球吸顶灯像一个被剖开的半球固定在吊顶中，其造型多样，装饰效果出色。半圆球吸顶灯光照度充足，不占用过多吊顶空间
用途说明	扁圆吸顶灯适合设计在主卧室、儿童房等空间，为空间提供舒适柔和的照明 半圆球吸顶灯适合设计在书房、厨房等空间，照明的同时起到精美的装饰效果

6.2.3　台灯市场价格

台灯是指摆放在桌子、柜体上，高度在 450mm 左右，带有底座的辅助照明灯具。台灯主要分为两类：一类是阅读台灯（图6-50），以实用性为主；一类是装饰台灯（图6-51），以装饰为主。但无论是哪种类型的台灯，它们都具有小巧精致、方便移动的特点。

图 6-50 阅读台灯

图 6-51 装饰台灯

市场价格	阅读台灯每盏市价约为 130~560 元 装饰台灯每盏市价约为 650~1 800 元
材料说明	阅读台灯的造型简洁，便于携带，材质通常以塑料、金属为主，照明光源则多为 LED。阅读台灯的照明亮度可任意调节，光源柔和舒适，对眼睛有较好的保护功能 装饰台灯的造型多样，材质丰富，如金属、陶瓷、布艺、实木等都是装饰台灯常用的材料。装饰台灯以装饰为主，因此注重外观超过照明功能，鲜有采用 LED 灯为光源的
用途说明	阅读台灯适合摆放在儿童房、书房等空间中的书桌台面上 装饰台灯适合摆放在客厅、卧室等空间的角几、床头柜上

6.2.4 落地灯市场价格

落地灯常用作局部照明，强调移动的便利性，对于角落气氛的营造十分有用。落地灯的采光方式若是直接向下投射，适合阅读等需要注意力集中的活动；若是间接照明，可以调整整体的光线变化。落地灯的灯罩下边应离地面1 800mm以上。一般分为直照式（图6-52）及上照式（图6-53）两种样式。

图6-52 直照式落地灯   图6-53 上照式落地灯

市场价格	直照式落地灯每盏市价约为860~3 700元 上照式落地灯每盏市价约为750~2 450元
材料说明	直照式落地灯光线较为集中，局部效果明显，对周围的影响范围小。灯的光线照在天花板上漫射下来，均匀散布在室内。这种"间接"照明方式，光线较为柔和，对人眼刺激小还能在一定程度上使人心情放松。现在流行的一些现代简约主义家居设计中，这种灯具的使用相当普遍 使用上照式落地灯，家中的天花板最好为白色或浅色，天花板的材料最好有一定的反光效果。这样的话，光线就柔和很多，影响范围较大，能起到低亮度的照明效果
用途说明	直照式落地灯和上照式落地灯适合摆放在卧室、书房、客厅、餐厅等空间的角落处，用于局部照明和渲染氛围

6.3 坐便器、洗面盆、浴缸等卫浴洁具价格

卫浴洁具（图6-54）是指安装在卫生间内用于日常卫生清洁的用具，包括坐便器、洗面盆、浴缸、淋浴房等，其中坐便器、洗面盆和浴缸多采用陶瓷为主要材质，而淋浴房多采用钢化玻璃为主要材质。洁具不仅是生活必需品，还是美化卫浴间环境的最自然装饰。如何选择洁具呢？首先应确定卫浴间的尺寸，对各种洁具的分布情况和大概尺寸做到心中有数，然后再去挑选适合卫浴间风格的款式。如果家中的入水口或下水道有特殊的设计，例如墙排水，就需特别留意这方面的尺寸规格，避免尺寸规格不符要求无法安装浪费资金。

图 6-54　造型精美的卫浴洁具

6.3.1　坐便器市场价格

坐便器俗称马桶，材质多为陶瓷，陶瓷表面上釉，整体呈白色。市场上的坐便器按排污方式可分为直冲式坐便器（图6-55）和虹吸式坐便器（图6-56）；按结构可分为分体式坐便器（图6-57）和连体式坐便器（图6-58）；按固定方式可分为挂墙式坐便器（图6-59）和无水箱式坐便器（图6-60）等等。

图 6-55　直冲式坐便器

图 6-56　虹吸式坐便器

市场价格	直冲式坐便器每个市价约为 840~2 100 元 虹吸式坐便器每个市价约为 950~3 300 元
材料说明	直冲式坐便器利用水流冲力作业，一般池壁较陡，存水面积较小，这样水力集中，周围落下的水力加大，冲污效率高。直冲式坐便器没有返水弯，采取直冲，容易冲下较大的污物，在冲刷过程中不容易造成堵塞，卫生间里不用备置纸篓。但直冲式坐便器冲水声较大，且比较费水 虹吸式坐便器的结构是排水管道呈 S 型，在排水管道充满水后会产生一定的水位差，借冲洗水在便器内的排污管内产生的吸力作业，由于虹吸式坐便器冲排不需要借助水流冲力，因此池内存水面较大，冲水噪声较小
用途说明	直冲式坐便器的管道适合所有的排水管，因此无论是毛坯房还是老旧的二手房，直冲式坐便器都可以使用 虹吸式坐便器对排水管有要求，适合新建住宅的毛坯房，但不适合以排水管为排污管道的老旧二手房

图 6-57　分体式坐便器

图 6-58　连体式坐便器

图 6-59　挂墙式坐便器

图 6-60　无水箱式坐便器

市场价格	分体式坐便器每个市价约为 750~3 600 元 连体式坐便器每个市价约为 1 450~4 200 元 挂墙式坐便器每个市价约为 2 250~5 400 元 无水箱式坐便器每个市价约为 1 750~5 800 元
材料说明	分体式坐便器是水箱与底座分开的坐便器，由于其水箱与底座分开烧制，不浪费烧制空间，成型率能达到 90% 以上，因此价格相对较低。分体式坐便器一般采用冲落式下水，水位高，冲力大，相对来说不易堵塞，但冲水噪声也大于其他类型的马桶 连体式坐便器算是分体式坐便器的改进产品，其水箱与底座整体烧制，不可单独分开。由于烧制体积增大，故其成型率较低，只能到达 60%~70%，所以相对于分体式坐便器的价格要高一些。连体式坐便器一般采用虹吸式下水，水位低，冲水噪声小。水箱与底座之间没有缝隙，便于清洁。可选择的款式很多，可以满足不同的装修风格，是现在主流的坐便器类型 挂墙式坐便器最早起源于欧洲国家，是由隐蔽式水箱和坐便器组合而成，近几年逐渐在国内流行起来。挂墙式坐便器背后要砌假墙，全部管线封在假墙中，安装成本比较高。其主要优点是节省空间，方便打扫，同时有了墙体的阻隔，冲水噪声也会明显降低 无水箱式马桶是一种不设水箱，采用城市自来水直接冲洗的新型节水型马桶。这种马桶充分利用城市自来水水压并应用流体力学原理完成冲洗，相比之下更为节水，同时也对水压有一定要求（绝大部分城市都没问题）。由于没有水箱，在节省空间的同时也避免了水箱里水的污染和倒流问题，比较卫生，便于清洁
用途说明	分体式坐便器适合预算有限，对坐便器样式要求不多的群体 连体式坐便器适合对坐便器的造型和功能有一定要求的群体 挂墙式坐便器适合追求高品质生活或极简主义风格的群体 无水箱式坐便器适合预算充足，追求全方位卫浴享受的群体

6.3.2 洗面盆市场价格

　　洗面盆是安装在卫生间浴室柜上，用来盛水洗手或洗脸的盆具。洗面盆的材质，使用最多的是陶瓷、搪瓷生铁、搪瓷钢板，还有水磨石等。随着建材技术的发展，国内外已相继推出玻璃钢、人造大理石、人造玛瑙、不锈钢等新材料。洗面盆的种类繁多，但对其共同的要求是表面光滑、不透水、耐腐蚀、耐冷热、易于清洗和经久耐用等等。洗面盆一般分为台上洗面盆（图6-61）、台下洗面盆（图6-62）、立柱洗面盆（图6-63）以及角型洗面盆（图6-64）。

图 6-61　台上洗面盆

图 6-62　台下洗面盆

图 6-63　立柱洗面盆

图 6-64　角型洗面盆

市场价格	台上洗面盆每个市价约为 350~1 200 元 台下洗面盆每个市价约为 200~980 元 立柱洗面盆每个市价约为 150~860 元 角型洗面盆每个市价约为 90~450 元
材料说明	台上洗面盆由于是单独置放在台面的，因此其造型不受拘束，有正方形、长方形、圆形、椭圆形等形状，有较好的装饰效果，在家庭卫生间中使用得较多 台下洗面盆指的是洗脸盆的位置低于台面，是嵌入在台面之中的。因此其造型比较受拘束，以长方形、圆形为主。台下洗面盆在安装完后整体性强，清洁起来较为方便，不容易藏污纳垢 立柱洗面盆分为一体式和分体式两种，其中一体式洗面盆是指立柱和洗面盆融为一体，对工艺的要求较高，同时有出色的装饰效果；而分体式洗面盆样式简洁，工艺简单，价格亲民 角型洗面盆的一侧呈90°直角，一侧呈半圆形，整体为陶瓷材质，通常以悬空的方式固定在墙面上
用途说明	当浴室柜的高度较低时，适合安装台上洗面盆；当浴室柜的高度较高时，适合安装台下洗面盆 立柱洗面盆省去了浴室柜的部分，适合设计在追求经济实惠，面积较小的卫生间 角型洗面盆适合设计在空间逼仄、狭小的卫生间

6.3.3 浴缸市场价格

浴缸通常安装在家居淋浴间中。现代的浴缸多为亚克力（图6-65）、陶瓷（图6-66）、铸铁（图6-67）或钢板（图6-68）等材料制造而成，近年来实木浴缸（图6-69）以及按摩浴缸（图6-70）也渐渐流行起来。实木浴缸主要以香柏木为原料，具有安神驱虫的功效。

图6-65 亚克力浴缸

图6-66 陶瓷浴缸

图6-67 铸铁浴缸

图6-68 钢板浴缸

市场价格	亚克力浴缸每个市价约为2 900~4 800元 陶瓷浴缸每个市价约为5 300~8 600元 铸铁浴缸每个市价约为4 000~6 800元 钢板浴缸每个市价约为3 200~5 500元
材料说明	亚克力浴缸采用人造有机材料制造，价格低廉。但人造有机材料存在耐高温能力差、耐压能力差、不耐磨、表面易老化等缺点 陶瓷浴缸由陶瓷瓷土烧制而成，外观釉面光洁度高，提高浴室整体档次。优点是观赏性好，材质厚实，耐使用。但缺点也很明显，笨重不易运输，怕磕碰，较光滑易滑倒，碰裂刮花无法修复 铸铁浴缸采用铸铁制造，表面覆搪瓷，重量非常大，使用时不易产生噪声。但是价格较高，分量沉重，不易于安装与运输 钢板浴缸是比较传统的浴缸，质量介于铸铁浴缸与亚克力浴缸之间，保温效果低于铸铁浴缸，但使用寿命长，整体性价比较高
用途说明	亚克力浴缸形状较为方正，体型较大，适合摆放在卫生间，固定安装 陶瓷浴缸样式精美，适合与墙体呈45°角摆放，突出装饰美感 铸铁浴缸装饰效果精美，占用面积较大，适合摆放在面积较大的卫生间中 钢板浴缸适合设计为砌筑式浴缸，用砖材将浴缸包裹起来，安装在固定不可移动的位置

图 6-69 实木浴缸   图 6-70 按摩浴缸

市场价格	实木浴缸每个市价约为 1 450~3 700 元 按摩浴缸每个市价约为 8 500~14 000 元
材料说明	实木浴缸选用木质硬、密度大、防腐性能佳的材质，如云杉、橡木、松木、香柏木等，以香柏木最为常见 按摩浴缸主要通过马达运动，使浴缸内壁喷头喷射出混入空气的水流，造成水流的循环，从而对人体产生按摩作用。具有健身、缓解压力的作用
用途说明	实木浴缸重量较轻，体型小巧，便于移动，适合设计在面积较小的卫生间 按摩浴缸是各类浴缸中体型最大的浴缸，适合摆放在大面积卫生间中，或嵌入墙面阴角处摆放，以节省空间面积

6.3.4 淋浴房市场价格

淋浴房的作用是使卫浴间实现干湿分区，避免洗澡时水溅到其他洁具上面，使后期清扫工作简单、省力。可以分为淋浴屏（图 6-71）和淋浴房（图 6-72）两类，前者比较简单，对空间要求小，后者限制性较大，但功能多。

图 6-71 淋浴屏   图 6-72 淋浴房

市场价格	淋浴屏每平方米市价约为 430~1 200 元 淋浴房每个市价约为 4 850~11 000 元
材料说明	淋浴屏主料为钢化玻璃和金属边框，属于定制产品，根据卫浴间的大小而制定形状和安装位置，包括一字形、直角形、五角形和圆弧形 4 种造型。即使是 5m² 左右的小卫浴间，也可以安装 整体式淋浴房功能较多，有的可以按摩，内部带有底盆以及放置物品的置物架，可以整体移动
用途说明	淋浴屏适合各种类型的卫生间，不受空间大小限制 淋浴房的体型较大，适合面积较大的卫生间

布艺织物（图6-73）在家庭装修中的涵盖范围比较广泛，如地毯、窗帘、床上用品等都属于布艺织物的范畴。这类材料以布艺纺织品为主，具有使用方便、质感柔和等特点，为空间提供实用性的同时，起装饰美化效果。在不同的空间，布艺织物也有着不尽相同的作用。例如，地毯不仅实用性较强，若将造型精美的地毯挂在墙上，其还可以成为优雅的装饰品；窗帘在客厅与卧室的使用功能不同，在客厅中强调的是窗帘的视觉美观性与良好的遮光性能，而卧室内则更强调隐私性。由于布艺织物的材质关系到使用舒适度，因此在选择布艺织物时，不宜以降低档次的方式来节约资金。

图6-73　布艺织物

6.4.1　窗帘市场价格

    窗帘是由布、麻、纱、铝片、木片、金属材料等制作的，具有遮阳隔热和调节室内光线的功能。窗帘类型可分为平开帘（图6-74）、卷帘（图6-75）、折叠帘（图6-76）、百叶帘（图6-77）以及线帘（图6-78）等。随着经济的发展，窗帘已成为居室不可缺少的、功能性和装饰性完美结合的室内装饰品。

图 6-74 平开帘

图 6-75 卷帘

图 6-76 折叠帘

图 6-77 百叶帘

市场价格	平开帘每米市价约为 85~360 元 卷帘每米市价约为 160~540 元 折叠帘每米市价约为 145~370 元 百叶帘每平方米市价约为 80~180 元
材料说明	平开帘就是最常见的布艺窗帘，有棉纱布、涤纶布、涤棉混纺、棉麻混纺、无纺布等，不同的材质、纹理、颜色、图案等综合起来就形成了不同风格的窗帘，具有质感柔和、装饰效果精美的特点 卷帘利用滚轴带动圆轨卷动帘子上下拉开、闭拢，以达到窗帘的基本使用目的。一般卷帘选用天然或化纤、编织类有韧性的面料，例如麻质卷帘、玻璃纤维卷帘、折光片（菲林类材质，多用于办公场地）卷帘，或带粘胶成分的印花布卷帘 折叠帘上升时渐渐折叠成一个形态，下降时又慢慢舒展开，以达到窗帘的使用目的。折叠帘有布艺帘和成品帘两大类 百叶帘将一些宽度、长度统一的叶片用绳子穿在一起，再固定在上下端轨道里，通过操作系统，使帘片上下开收、自转（调光），以达到窗帘的基本使用目的。百叶帘可以说是成品帘里最常用的，也是最花样百出的成品帘
用途说明	平开帘适合用于卧室、客厅、书房等空间，具有良好的私密性和遮光性 卷帘适合用于楼梯间、储物间等空间，因为卷帘不落地，不占用空间面积，易于打理 折叠帘适合设计在追求极简风格的客厅、卧室、书房等空间中 百叶帘适合厨房、卫生间等空间，因为百叶帘材质相比传统布艺窗帘，具有防水、防潮、易清洁的特点

市场价格	线帘每米市价约为 45~170 元
材料说明	线帘优点在于其灵活性和广泛的适应性,其适用于各种形式的窗户。线帘以其那种千丝万缕的数量感和若隐若现的朦胧感,点缀于家居中,为整个居室营造出一种浪漫氛围
用途说明	线帘适合设计在住宅内的隔断处,或落地窗位置

图 6-78 线帘

6.4.2 地毯市场价格

地毯是以棉、麻、毛、丝等天然纤维或化学合成纤维等为原料,经手工或机械工艺进行编结、栽绒或纺织而成的地面铺敷物,具有减少噪声、隔热和改善脚感、防止滑倒、防止空气污染等特点。随着人们对住宅设计审美的追求,地毯的功能也逐渐从实用性向装饰性转变,许多业主会将一些样式精美的地毯作为装饰工艺品,挂墙面上展示(图6-79~图6-84)。

图 6-79 羊毛地毯

图 6-80 化纤地毯

市场价格	羊毛地毯每块市价约为 700~9 500 元 化纤地毯每块市价约为 150~1 200 元
材料说明	羊毛地毯毛质细密,具有天然的弹性,受压后能很快恢复原状。羊毛地毯采用天然纤维,不带静电,不易吸尘,具有天然的阻燃性。其图案精美,不易老化褪色,吸音、保暖、脚感舒适 化纤地毯也叫合成纤维地毯,又可分为丙纶化纤地毯、尼龙地毯等。是用簇绒法或机织法将合成纤维制成面层,再与麻布底层缝合而成。其饰面效果多样,如雪尼尔地毯、PVC 地毯等,耐磨性好,富有弹性
用途说明	羊毛地毯触感舒适,适合摆放在书房地面,或者卧室飘窗上 化纤地毯耐磨,易清洁,适合摆放在客厅沙发、茶几下面

图 6-81 混纺地毯

图 6-82 编织地毯

图 6-83 皮毛地毯

图 6-84 纯棉地毯

市场价格	混纺地毯每块市价约为 200~1 500 元 编织地毯每块市价约为 240~1 750 元 皮毛地毯每块市价约为 440~3 800 元 纯棉地毯每块市价约为 150~870 元
材料说明	混纺地毯由毛纤维和合成纤维混纺制成，使用性能有所提高。其色泽艳丽，便于清洗，克服了羊毛地毯不耐虫蛀的缺点，具有更高的耐磨性，吸音、保湿、弹性好、脚感好，性价比较高 编织地毯由麻、草、玉米皮等材料加工漂白后编织而成。其拥有天然粗犷的质感和色彩，自然气息浓郁，非常适合搭配布艺或竹藤家具，但不易打理，且非常易脏 皮毛地毯是由整块毛皮制成的地毯，最常见的是牛皮地毯，分天然和印染两类。其脚感柔软舒适、保暖性佳，装饰效果突出，具有奢华感，能够增添浪漫色彩，但不易打理 纯棉地毯是由纯棉材料制成的地毯，吸水性好，材质可塑性佳，可做不同立体设计变化，清洁十分方便，可搭配止滑垫使用
用途说明	混纺地毯耐磨性好，适合大面积地铺敷在客厅、卧室等处的地面 编织地毯具有良好的装饰性，适合小面积铺敷，或挂在墙面上作为装饰工艺品 皮毛地毯的装饰感出色，适合铺敷在书房的地面 纯棉地毯质优价廉，样式多，适合铺敷在客厅的地面

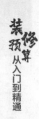

6.4.3 床上用品市场价格

床上用品是指摆放在床上，供人睡眠时使用的布艺织物，通常被称为床品四件套、床品三件套等，其中包括被套、床单、床罩、枕套等等。家居中常用的床品套件主要有纯棉（图6-85）、亚麻（图6-86）、磨毛（图6-87）、真丝（图6-88）、竹纤维（图6-89）、法莱绒（图6-90）等材料。

图6-85 纯棉床品

图6-86 亚麻床品

图6-87 磨毛床品

图6-88 真丝床品

市场价格	纯棉床品每套市价约为150~1 100元 亚麻床品每套市价约为350~2 100元 磨毛床品每套市价约为350~1 600元 真丝床品每套市价约为1 200~6 500元
材料说明	纯棉床品具有较好的吸湿性，柔软而不僵硬，透气性好，与肌肤接触无任何刺激，久用对人体有益无害。其方便清洗和打理，价格适中，支数越高越舒适 亚麻床品的麻类纤维具有天然优良特性，是其他纤维无可比拟的。其具有调温、抗过敏、防静电、抗菌的功能，吸湿性好，能吸收相当于自身重量20倍的水分，所以亚麻床品手感干爽，纤维强度高，不易撕裂或戳破，有良好的着色性能，具有生动的凹凸纹理 磨毛床品又称为磨毛印花面料，属于高档精梳棉，蓬松厚实，保暖性能好。其表面绒毛短而密，绒面平整，手感丰满柔软，光泽柔和，保暖但不发热，悬垂感强，易于护理，颜色鲜亮，不褪色、不起球 真丝床品的吸湿性、透气性好，有利于防止湿疹、皮肤瘙痒等皮肤病的产生。其手感非常柔软、顺滑，带有自然光泽，适合干洗，水洗易缩水
用途说明	纯棉床品触感柔和、温暖，适合秋冬时节使用 亚麻床品具有天然质感，适合习惯床品表面有粗糙质感的群体 磨毛床品印花纹理丰富，适合用于欧式、简欧、美式等设计风格中 真丝床品质感高档，触感清凉，适合用于夏季

图6-89　竹纤维床品

图6-90　法莱绒床品

市场价格	竹纤维床品每套市价约为380~1 500元 法莱绒床品每套市价约为160~800元
材料说明	竹纤维床品面料是当今纺织品中科技成分最高的面料，以天然毛竹为原料，经过蒸煮水解提炼而成。其亲肤感觉好，柔软光滑、舒适透气，可产生负离子及远红外线，能促进血液循环和新陈代谢 法莱绒床品是经过缩绒、拉毛等系列工序制作而成，不露织纹，表面覆满绒毛，面料厚实，毛绒的密度高且扎实，不易掉毛，手感柔软平整、光滑、舒适，具有非常好的保暖性
用途说明	竹纤维床品有一定的保健作用，适合追求健康，对床品环保要求高的群体 法莱绒床品保暖效果佳，适合用于寒冷的冬季

6.5　装饰画、工艺品等饰品价格

　　装饰饰品是指住宅内用于美化空间，提升设计美感的装饰画、工艺品等饰品（图6-91），这些饰品不同于其他类型的软装材料注重功能性，其完全以装饰性为主。以装饰画为例，将它摆放在空间中虽然不具备实用性，但却是客厅、餐厅、卧室、书房等空间必不可少的装饰品，一幅精美的装饰画可为空间提供画龙点睛的作用。当然，工艺品也能起到同样的效果，只是需要占用空间，

图6-91　精美的装饰画和工艺品

不像装饰画挂在墙上即可。因为装饰画、工艺品属于艺术类饰品，所以市场价格浮动较大，既有亲民价位的装饰画，也有价格高昂的艺术家雕刻的工艺品。对于住宅来说，装饰画和工艺品选择性价比高的即可；对于商业空间，则需挑选几件精致的工艺品彰显空间品味。

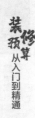
6.5.1 装饰画市场价格

　　装饰画是花费较少资金就可以装饰出一面背景墙的软装饰品，即使墙面是什么造型都没有的大白墙，只要搭配几幅装饰画，空间立刻极具艺术感。常见的装饰画有水墨画（图6-92）、书法画（图6-93）、水彩画（图6-94）、油画（图6-95）、摄影画（图6-96）、木质画（图6-97）、镶嵌画（图6-98）、金箔画（图6-99）、玻璃画（图6-100）及铜版画（图6-101）等。

图6-92　水墨画

图6-93　书法画

图6-94　水彩画

图6-95　油画

市场价格	水墨画每幅市价约为 350~1 450 元 书法画每幅市价约为 600~3 300 元 水彩画每幅市价约为 80~650 元 油画每幅市价约为 320~1 550 元
材料说明	水墨画以水和墨为主要原料作画，其绘画方法是中国传统式绘画，也称国画。其画风淡雅而古朴，讲求意境的塑造，分为黑白和彩色两种。近处写实，远处抽象，色彩微妙，意境丰富 书法画是由人书写的书法作品，经过装裱后悬挂在墙面上，可以起到装饰画的装饰作用，此类作品都是黑白色的，根据书法派别的不同，具有不同的韵味，但总体来说都具有极高的艺术感和文化氛围，很适合用在中式客厅和书房中 水彩画从派别上来说与油画一样，同属于西式绘画方法，用水彩方式绘制的装饰画，具有淡雅、透彻、清新的感觉，它的画面质感与水墨画类似，但更厚重一些，色彩也更丰富，没有特定的风格走向，根据画面和色彩选用即可 油画起源于欧洲，但现在并不仅限于西洋风格的画作，还有很多抽象和现代风格的画作适合装饰家居空间。油画是最具有贵族气息的一种装饰画，属于纯手工制作，同时可根据个人爱好临摹或创作，风格比较独特。目前市场上比较受欢迎的油画题材一般为风景、人物和静物
用途说明	水墨画和书法画具有浓郁的中国风，适合设计在中式、新中式等设计风格中 水彩画和油画同属于欧式绘画，适合设计在欧式、法式、美式等设计风格中

图 6-96　摄影画

图 6-97　木质画

图 6-98　镶嵌画

图 6-99　金箔画

市场价格	摄影画每幅市价约为 120~900 元 木质画每幅市价约为 350~1 250 元 镶嵌画每幅市价约为 120~900 元 金箔画每幅市价约为 350~1 250 元
材料说明	摄影画是近现代出现的一种装饰画，画面包括"具象"和"抽象"两种类型，具象通常包括风景、人物和建筑等，色彩有黑白和彩色两个类型，具有极强的观赏性和现代感，此类装饰画适合搭配造型和色彩比较简洁的画框 木质画原料为各种木材，经过一定的程序雕刻或胶粘而成。根据工艺的不同，总体来说可分为三类，有由碎木片拼贴而成的写意山水画，层次和色彩感强烈；有木头雕刻作品，如人物、动物、脸谱等，立体感强，具有收藏价值；还有在木头上烙出的画作，称为烙画，是很有中式特色的一种画作 镶嵌画是指用各种材料通过拼贴、镶嵌、彩绘等工艺制作成的装饰画，常用的材料包括立体纸、贝壳、石子、铁、陶片、珐琅等，具有非常强的立体感，装饰效果较个性，不同风格的家居可以搭配不同工艺的镶嵌画 金箔画的原料为金箔、银箔或铜箔，制作工序较复杂，底板为不变形、不开裂的整板，经过塑形、雕刻、漆艺加工而成，具有陈列、珍藏、展示的作用，装饰效果奢华但不庸俗，非常高贵，适合现代、中式和东南亚风格家居
用途说明	摄影画适合设计在现代、后现代、简约等追求时尚的设计风格中 木质画适合设计在新中式、田园等追求自然气息的设计风格中 镶嵌画适合设计在田园、地中海等具有自然气息、海洋风的设计风格中 金箔画高贵奢华，适合设计在欧式古典、法式等设计风格中

图6-100 玻璃画

图6-101 铜版画

市场价格	玻璃画每幅市价约为 180~670 元 铜版画每幅市价约为 850~3 750 元
材料说明	玻璃画是在玻璃上用油彩、水粉、国画颜料等绘制而成，利用玻璃的透明性，在着彩的另一面观赏，用镜框镶嵌。其具有浓郁的装饰性，题材多为风景、花鸟、人物和吉祥如意图案，色彩鲜明强烈 铜版画使用的基材是铜版，在上面用腐蚀液腐蚀或直接用针或刀刻制出画面，属于凹版，也称"蚀刻版画"，制作工艺非常复杂，所以每一件成品都非常独特，具有艺术价值
用途说明	玻璃画上彩绘后，具有浓郁的欧洲风情，适合设计在欧式古典、法式、美式等设计风格中 铜版画尺寸大，体积重，质感古典，适合设计在美式乡村、欧式古典等设计风格中

6.5.2 工艺品市场价格

装饰工艺品通常有摆件和挂件之分，摆件是指摆放在茶几、电视柜、五斗柜、角几等家具台面上的工艺品，挂件则是指悬挂在墙面上的工艺品。可以说，工艺品是活跃空间氛围，增添空间变化性的优质饰品，不仅可呼应室内设计风格，同时起到彰显客户品位的作用。常见的工艺品有树脂（图6-102）、金属（图6-103）、木质（图6-104）、水晶（图6-105）、及陶瓷（图6-106）等材质。

图6-102 树脂工艺品

图6-103 金属工艺品

市场价格	树脂工艺品每个市价约为 95~880 元 金属工艺品每个市价约为 180~1 460 元
材料说明	树脂工艺品是以树脂为主要原料制成的工艺品，可以制作成人物、山水等，还能制成各种仿真效果，包括仿金属、仿水晶、仿玛瑙等，比陶瓷等材料抗摔，且重量轻 金属工艺品是以各种金属为材料制成的工艺品，包括不锈钢、铁艺、铜、金银和锡等，款式较多，有人物、动物、抽象形体、建筑等，做旧处理的金属具有浓郁的朴实感，光亮的金属则非常时尚。金属工艺品使用寿命较长，对环境条件的要求较少
用途说明	树脂工艺品可制作出各种仿动物造型，适合摆放在田园、地中海等设计风格中 金属工艺品造型时尚现代，适合设计在现代、简约、工业风等设计风格中

图6-104　木质工艺品

图6-105　水晶工艺品

图6-106　陶瓷工艺品

市场价格	木质工艺品每个市价约为 140~760 元 水晶工艺品每个市价约为 230~1 700 元 陶瓷工艺品每个市价约为 180~970 元
材料说明	木质工艺品有两大类，一类是实木雕刻的木雕，包括各种人物、动物甚至是中国文房用具等；另一类是用木片拼接而成的，立体结构感更强。优质的木雕工艺品具有收藏价值，但对环境的湿度要求较高，不适合过于干燥的地方 水晶工艺品是单独以水晶制作或用水晶与金属等结合制作的工艺品，水晶部分具有晶莹通透、高贵雅致的观赏感，具有较高的欣赏价值和收藏价值，具有代表性的是各种水晶球、动物摆件及植物形的摆件等 陶瓷工艺品可以分为两类：一类是瓷器，款式多样，主要以人物、动物或瓶件为主，除了正常的瓷器质感，还有一些仿制大理石纹的款式，制作精美，即使是近现代的陶瓷工艺品也具有极高的艺术价值；另一类是陶器，款式较少，效果比较质朴
用途说明	木质工艺品具有中国风和异域风，适合设计在东南亚、中式、新中式等设计风格中 水晶工艺品时尚，具有现代感，适合设计在现代、简约、后现代等设计风格中 陶瓷工艺品的纹路和设计具有欧州风情，适合设计在欧式、法式、北欧等设计风格中

6.6 植物、鲜花、盆景等绿植价格

　　绿植（图6-107）是净化室内空气，使家居环境充满大自然气息的软装饰品。目前，新装修的住宅一般会有危害人体健康的甲醛、刺鼻的气味等，这时如果在室内摆放适合的绿植，就能轻松解决问题。住宅中的绿植可分为三类：植物、鲜花和盆景，其中，植物净化空气的效果较好，鲜花充满怡人的香气，而盆景具有艺术般的装饰效果，三类绿植可谓各有特点。在市场价格方面，盆景价格较高，鲜花、植物价格较为亲民。

图6-107　丰富的室内绿植

6.6.1　植物市场价格

　　室内植物是指经由光合作用改善室内空气质量的绿叶类植物，其中有绿萝（图6-108）、吊兰（图6-109）、常春藤（图6-110）等可吊挂起来的植物；也有君子兰（图6-111）、富贵竹（图6-112）等摆放地面，栽种在大花盆中的植物；还有仙人球（图6-113）、多肉（图

6-114）等摆放在书桌电脑前防辐射的小巧植物。这些植物的价格不高，但却有很好的净化空气效果。

图6-108　绿萝

图6-109　吊兰

图6-110　常春藤

图6-111　君子兰

图6-112　富贵竹

市场价格	绿萝每盆市价约为 20~50 元 吊兰每盆市价约为 25~70 元 常春藤每盆市价约为 15~35 元 君子兰每盆市价约为 65~380 元 富贵竹每株市价约为 8~35 元
材料说明	绿萝属于麒麟叶属植物，缠绕性强，气根发达，可以水培种植。另外，绿萝属于阴性植物，喜欢湿热的环境，忌阳光直射 吊兰被称为"空气卫士"，具有良好的净化室内空气的能力。吊兰喜欢温湿的环境，耐旱能力强，但不耐寒，对光线的要求不高 常春藤的叶形美丽，四季常青，因此被称为常春藤。常春藤喜欢湿润、疏松、肥沃的土壤，不耐盐碱。常春藤属于阴性植物，但在全光照环境下也能生长 君子兰属于半阴性植物，喜欢凉爽的环境，忌高温，喜欢肥厚、排水良好的土壤和湿润的土壤，忌干燥环境。君子兰具有很高的观赏价值，一般在冬季和春季开花，花瓣颜色艳丽，具有美感 富贵竹的叶片细长，根茎似竹子，有着"花开富贵，竹报平安"的祝词，因此被称为富贵竹。富贵竹喜阴湿高温、耐涝、耐肥力强、抗寒力强，喜半阴的环境，适宜生长于排水良好的砂质土或半泥砂及冲积层黏土中
用途说明	绿萝不适合摆放在朝南面的阳台，适合摆放在餐厅、卫生间、厨房等温湿的空间 吊兰和常春藤适合摆放在朝南面的阳台，但也需注意不宜全天阳光直射 上述三种植物均适合吊挂起来摆放，随着植物的生长，枝叶会向下蔓延生长 君子兰和富贵竹均属于半阴性植物，不适合阳光直射，因此不适合摆放在朝南面的阳台，适合摆放在没有阳光直射的空间中

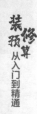

图 6-113 仙人球

图 6-114 多肉

市场价格	仙人球每盆市价约为 25~70 元 多肉每盆市价约为 40~250 元
材料说明	仙人球属于仙人掌科，表面多刺，长在仙人球的棱骨上。仙人球耐旱，因此不需经常浇水，习惯在夜晚开花，花期为 5~7 月。仙人球的形体不大，一株成年的仙人球高度也不会超过 300mm，不用担心越长越大的问题 多肉的根、茎、叶三种营养器官肥厚多汁并且储藏着大量水分，因此看起来肉质丰满。多肉细分的种类很多，但全部具有良好的耐旱性，被称为最适合懒人养的植物
用途说明	仙人球适合摆放在电脑桌前面，具有防辐射功效 多肉形体小巧，样式精美，适合摆放在茶几、餐桌、书桌等台面上，起到点缀空间的装饰效果

6.6.2 鲜花市场价格

鲜花种类繁多，但并不是所有的鲜花都适合摆放在居室中。例如玉丁香会造成食欲下降；夜来香会释放废气，让人血压升高等等。但有些鲜花养在居室中，不仅会释放香气，也能带来美好的视觉享受。居室中常见的鲜花有月季（图 6-115）、蔷薇（图 6-116）、百合（图 6-117）、康乃馨（图 6-118）。

图 6-115 月季

图 6-116 蔷薇

图 6-117 百合

图 6-118 康乃馨

市场价格	月季每盆市价约为 45~160 元 蔷薇每株市价约为 12~58 元 百合每株市价约为 8~40 元 康乃馨每株市价约为 8~56 元
材料说明	月季花被称为花中皇后，因其四季均能开花，一般为红色或粉色，观赏效果极佳。以疏松、肥沃、富含有机质、微酸性、排水良好的壤土较为适宜。性喜温暖、日照充足、空气流通的环境 蔷薇大多是一类藤状爬篱笆的小花，攀附能力强，耐寒性极佳。蔷薇花朵的色彩丰富，常见的有黄色、白色、粉色、淡紫色等等 百合花瓣呈白色，香味浓郁，可改善室内空气。百合喜凉爽，较耐寒。高温地区生长不良。喜干燥，怕水涝。土壤湿度过高则引起鳞茎腐烂死亡 康乃馨花冠呈半球形，花萼长筒状，花蕾橡子状，花瓣扇形，花朵内瓣多呈皱缩状，花色有大红、粉红、鹅黄、白、深红等，还有玛瑙等复色及镶边等，有淡淡的香气
用途说明	月季花适合栽种在花盆中，摆放在朝南面的阳台上，有充足光照的空间 蔷薇适合以篱笆的形式栽种在阳台中，随其自然生长，装饰效果极佳 百合花和康乃馨适合单株购买，然后插在玻璃瓶中，摆放在餐桌、茶几等处，作为观赏性鲜花

6.6.3 盆景市场价格

室内盆景是指经过栽剪、弯曲等工艺，制作出来具有艺术美感和观赏性的绿植。其中以万年松（图 6-119）和发财树（图 6-120）为代表，不仅造型美观，而且具有美好的寓意。像盆景一类体型较大的绿植，市场价格相对较高。

图 6-119 万年松

图 6-120 发财树

市场价格	万年松每盆市价约为 350~860 元 发财树每盆市价约为 270~650 元
材料说明	万年松属于松木类的树木，树干蜿蜒盘曲，富有艺术美感。万年松盆景耐旱，喜欢阳光，不适合多肥料、多浇水养殖 发财树喜欢高温高湿气候，耐寒力差，幼苗忌霜冻；喜欢肥沃疏松、透气保水的沙壤土和酸性土，忌碱性土或黏重土壤，较耐水湿，也稍耐旱
用途说明	万年松适合摆放在光照充足的南面阳台或卧室中 发财树喜阴，不宜阳光直射，适合摆放在庇荫处，如客厅电视墙的角落处

6.7 电视、冰箱、空调等家用电器价格

　　家用电器（图6-121）在装修预算支出中占比较大，无论是电视机、空调、冰箱，还是热水器、洗衣机，其市场价格少则几千元，多则数万元。在挑选电器时，不宜一味遵循"贵即是好"的消费心理，而是应了解电器的技术参数、功能特点、安全性能等各个方面，然后结合自身需求综合权衡。

图6-121　家用电器

6.7.1　电视市场价格

　　电视是通过电子技术传送活动图像画面、音频信号的设备。随着技术的进步，超薄的液晶电视（图6-122）、等离子电视（图6-123）、平板电视（图6-124）、曲面电视（图6-125）代替了传统背投电视，价格越来越高。但同时，电视的显示效果也从高清步入了2K（K指分辨率，2K即约2 000像素的分辨率）、4K，甚至是8K。

图 6-122 液晶电视

图 6-123 等离子电视

图 6-124 平板电视

图 6-125 曲面电视

市场价格	液晶电视每台市价约为 3 100~18 000 元 等离子电视每台市价约为 2 550~9 600 元 平板电视每台市价约为 2 800~14 500 元 曲面电视每台市价约为 4 700~16 000 元
材料说明	液晶电视以其超薄、清晰、环保、节能的特点成为彩电高端市场的主力产品。液晶电视无闪烁、无辐射，减轻人们的视觉疲劳；其接口丰富，可接电脑、DVD 等音视频设备，能够很好地满足未来的数字电视广播需要 等离子电视有着高清晰度的最佳数码显示，以及优良的数据和视频能力。在室外及普通居室光线下均可视。另外等离子电视超薄便于安放，可挂在墙上及任何地方 平板电视指的是屏幕呈平面的电视，也就是目前市场中最常见到的电视形状。平板电视的优点是技术成熟可靠，使用寿命长 曲面电视指的是屏幕带有一定的曲率，拥有一定曲面形态的电视，与人类眼球的弧度大致相同，视觉效果更惊艳，且观看舒适。通过曲面电视观看时，会有一种包裹感，镜像的景深感更强，且视野更广
用途说明	液晶电视和等离子电视均可实现壁挂，具有摆放在台面等功能。在一般情况下，大尺寸的电视适合摆放在客厅的电视柜上，而轻薄、尺寸略小的电视适合挂在卧室的电视墙上 平板电视适合客厅面积在 40m² 以下的空间 曲面电视适合 40~60m² 的大面积客厅，大客厅配合大尺寸的曲面电视，可实现影院般的观看效果

6.7.2　冰箱市场价格

冰箱是保持低温用以储存食物的一种电器，放在冰箱里的食物可避免腐败。目前家居中常用的冰箱大体可分为双开门（图6-126）、三开门（图6-127）、对双开门（图6-128）和多门式冰箱（图6-129）四种。

图6-126　双开门冰箱　　　图6-127　三开门冰箱　　　图6-128　对双开门冰箱　　　图6-129　多门式冰箱

市场价格	双开门冰箱每台市价约为 1 600~3 800 元 三开门冰箱每台市价约为 2 500~7 800 元 对双开门冰箱每台市价约为 5 800~13 500 元 多门式冰箱每台市价约为 6 400~18 000 元
材料说明	双开门冰箱的上面一层为 4°~15° 的冷藏层，下面一层为 0°~-24° 的冷冻层。双开门冰箱价格亲民，具有较高的性价比 三开门冰箱最上面一层为 4°~15° 的冷藏层，中间一层为 10°~-10° 的变温层，下面一层为 0°~-24° 的冷冻层。其中，变温层可以补充冷藏、冷冻室的不足，同时提供 0° 的温度，这个温度是冷冻 / 冷藏室不具备的，用于储存即要冷冻又不宜深冻的鱼虾类、肉类和海鲜等非常合适 对开门冰箱的容量大，可以很好地对食物进行分区储存，食物不容易串味；拥有智能化的操控平台，很多功能都是全自动运行，采用的是电脑控温，可以保障冰箱内温度恒久；一般都带有旋转制冰功能以及独立的变温室，可以满足不同的储存需求 多门式冰箱是指三个门以上的冰箱。除了冷藏与冷冻室外，还有独立的制冰室与果菜室、深冷速冻区。多门式冰箱有多个温区，并且温室之间是间隔开来相互独立的，每个温区的温度可以独立调节，方便家庭对不同类食材的存放需求
用途说明	对于面积较小或狭长的厨房，可以选择双开门冰箱和三开门冰箱，在提供冰箱必要的功能同时，不占用过多的厨房面积 对开门冰箱和多门式冰箱容量大的同时，体积也增大了，因此需要厨房的面积足够大，来摆放宽度超过 1m 的冰箱

6.7.3 空调市场价格

空调即空气调节器，是指用人工手段，对建筑或构筑物内环境空气的温度、湿度、流速等参数进行调节和控制的设备。目前家装市场中常见的空调可分为两类，分别是立柜式空调（图6-130）和壁挂式空调（图6-131）。

图 6-130　立柜式空调　　　　　　　　　图 6-131　壁挂式空调

市场价格	立柜式空调每台市价约为 4 300~12 000 元 壁挂式空调每台市价约为 1 850~4 900 元
材料说明	立柜式空调应注意是否有负离子发送功能，因为这能清新空气，保证健康。而有的立柜式空调具有模式锁定功能，运行状况由机主掌握，对有小孩的家庭会比较实用。另外，送风范围是否够远、够广也很重要。立柜式空调送风的最远距离可达 15m，再加上广角送风，可兼顾更大的面积 壁挂式空调应具有换气功能，保证家里有新鲜空气，防止空调病的产生，使用起来更舒适。此外，静音和节能设计也很重要，能保证夜晚的睡眠质量
用途说明	立柜式空调送风制冷面积大，适合摆放在大面积客厅、客餐厅一体空间 壁挂式空调小巧不占用空间面积，适合壁挂在卧室、书房等空间，安装位置最好不要正对床，容易引起空调病

6.7.4 洗衣机市场价格

洗衣机是利用电能产生机械能来洗涤衣物的清洁电器，按照工作原理可分为三大类，即滚筒式洗衣机（图6-132）、波轮式洗衣机（图6-133）和搅拌式洗衣机（图6-134）。

图 6-132　滚筒式洗衣机　　　　　图 6-133　波轮式洗衣机　　　　　图 6-134　搅拌式洗衣机

市场价格	滚筒式洗衣机每台市价约为 2 860~9 700 元 波轮式洗衣机每台市价约为 980~3 750 元 搅拌式洗衣机每台市价约为 1 870~6 500 元
材料说明	滚筒式洗衣机采用了控制水量大小的节水技术，是三类洗衣机中节水能力最出色的洗衣机。滚筒式洗衣机的原理是模拟手搓，就像古时候用棒槌敲打衣物以达到洗涤衣物的目的，可减少对衣物的磨损 波轮式洗衣机洗衣时间短，并且洗净率很高。其操作也极为方便，即使是老年人，也能轻松使用。波轮式洗衣机市场价格较为亲民，具有较高的性价比 搅拌式洗衣机的衣物洁净能力较强，同时节省洗衣液，但其噪声较大
用途说明	滚筒式洗衣机噪声小，功能多，适合对各类衣物洗涤条件有要求的群体 波轮式洗衣机操作方便，价格低，适合追求实用和性价比的群体 搅拌式洗衣机适合洗涤较难清洁的衣物，适合对洗衣机洁净功能要求较高的群体

6.7.5 热水器市场价格

热水器是指利用物理原理，在一定时间内使冷水温度升高变成热水的一种电器。其中，家装市场常用的热水器分为两类，分别是储水式热水器（图6-135）和速热式热水器（图6-136）。

图6-135 储水式热水器　　　　图6-136 速热式热水器

市场价格	储水式热水器每台市价约为 850~3 300 元 速热式热水器每台市价约为 3 500~7 600 元
材料说明	储水式热水器是指将水加热的固定式电器，它可长期或临时储存热水，并装有控制或限制水温的装置。家庭常用储水式电热水器，其安装方便，价格不高，但需加热较长时间，达到一定温度后方可使用 速热式热水器采用速热引擎发热技术，使低功率加热、快速出热水成为可能。同时，速热式热水器具备防腐除垢技术，优化水质，保护内胆长期不受腐蚀，无须更换，一劳永逸
用途说明	储水式热水器适合安装在卫生间，可将一半机身藏进吊顶内，一半机身露在外面 速热式热水器适合安装在厨房或靠近厨房的阳台

第七章

家居风格的
预算配比

家居风格也就是人们常说的室内设计风格，如人们耳熟能详的现代风格、欧式风格、中式风格等等。每种家居风格都有其独一无二的特点和设计效果。也就是说，不同种类的家居风格所选用的材料、造型、软装等均有不同，以欧式风格为例，无论是沙发、床、餐桌等大件家具，还是吊顶造型、地面瓷砖等装修主材，市场价格都较高，装修预算的总造价较高；而简约风格、现代风格，在装修造型和人工费方面就会节约开支，预算总造价也会相应降低。

因此，应在装修资金投入和家居风格两者之间适当取舍。例如计划设计欧式风格，但在预算投入有限的情况下，就要在主材、软装或施工方面做减法，或者减少吊顶、墙面等处的造型，或者减少沙发、床等大件家具资金的投入，在计划预算之内，将欧式风格高质量地呈现在自己的住宅中。避免出现前期的施工和主材方面投入了较多的资金，而在选购家具软装环节，受资金影响不能选购自己心仪的软装。

为了避免业主出现家居风格预算配比不合理的情况，本章从介绍家居风格的角度出发，将重要的预算环节结合其中，使业主一目了然，清楚掌握不同家居风格的造价区间，以及家居风格中预算占比较大的项目等。

7.1 现代风格预算配比

现代风格（图7-1）即现代主义风格，又称功能主义，是工业社会的产物。它提倡突破传统，追求时尚、潮流和创造革新，注重结构构成本身的形式美。其讲究突出材料自身的质地和色彩的配置效果，所以在现代风格的住宅中，并不需要太多的墙面装饰和软装，而是追求每一件装饰品都恰到好处，所以在预算方面能够节省一些不必要的开支。

图7-1　典型的现代风格

1. 风格特点及整体预算

现代风格最主要的特点是造型精炼，讲求以功能为核心，反对多余装饰。在硬装方面，顶面和墙面会适当使用一些线条感强烈但并不复杂的造型；软装讲求恰到好处，不以数量取胜。装修整体造价通常为15万~32万元。

2. 适用的硬装材料

现代风格是时尚和创新的融合，在硬装方面会较多地使用仿石材砖、壁纸、大理石、镜面玻璃、棕色系和黑灰色的饰面板等材料来营造时尚感。另外，不锈钢是非常常见的硬装材料，常用做包边处理或切割成条形镶嵌。

3. 适用的软装材料

现代风格的家居中软装以灯具和家具为主体，并较多使用结构式的较为个性的款式。如果想要节省资金，可将主要软装的预算放宽，如沙发或主灯选择极具代表性的，其他部分可以适当收紧。软装数量不宜多，可选择金属、玻璃等材质的款式。

7.1.1 现代风格典型硬装材料预算

硬装材料		材料说明	市场价格
大理石		现代风格家居中无色系和棕色系的大理石使用频率较高，用在背景墙或整体墙面上时多做抛光处理	适用于现代风格的大理石市价约为120~380元/m²
壁纸		现代风格家居中的重点墙面部分常使用一些具有时尚感的壁纸，使用面积较多且通常会搭配其他材料做造型，常用的有条纹图案、具有艺术感的具象图案、几何或线条图案	适用于现代风格的时尚壁纸市价约为90~350元/m²
镜面玻璃		超白镜、黑镜、灰镜、茶镜以及烤漆玻璃等玻璃类材料具有强烈的时尚感和现代感，与现代风格搭配非常协调。玻璃造型以条形或块面造型最为常见，可直接选择整幅图案式的烤漆玻璃作为背景墙，但图案需符合风格特征	适用于现代风格的镜面玻璃市价约为85~290元/m²
不锈钢		灰色水泥墙面与同色系不锈钢隔断搭配，粗糙与抛光的质感相辅相成，除此之外，不锈钢也经常被使用在地面及各处台面上。在整体空间上不锈钢的使用面积较小，常作为点缀材料存在	适用于现代风格的不锈钢市价约为15~35元/m
棕色木纹饰面板		棕色或黑、灰色的木纹饰面板更符合现代风格的特征，它们会结合现代的制作工艺，用在背景墙部分，造型不会过于复杂，大气而简洁，常会搭配不锈钢组合造型	适用于现代风格的木纹饰面板市价约为85~248元/张

7.1.2 现代风格典型软装材料预算

软装材料	材料说明	市场价格
结构式沙发	沙发造型不再局限于常规款式，直线条简洁款式更多地出现在主沙发上，而双人沙发或单人沙发则在讲求功能性的基础上，更多地体现出结构的设计。常用材料有皮革、丝绒和布艺，搭配金属、塑料或木腿等	适用于现代风格的沙发市价约为 2 300~7 800 元/套
简洁大气的床	床头多使用硬包造型，但并不如欧式床那么复杂，包边材料主要有布艺、不锈钢等。除了常见的直腿床外，还有很多讲求结构设计的款式，例如将前后腿部连接起来的大跨度弧线腿床	适用于现代风格的床市价约为 3 200~8 450 元/张。
具有线条感的灯具	以直线条组合为主、少用碗状而多用几何形的灯泡，这种结构性强的吊灯非常符合现代风格的特征，材料多以金属、玻璃为主。除此之外，金属罩面的落地灯、壁灯、台灯等局部性灯具也很常用	适用于现代风格的灯具市价约为 650~3 350 元/盏
珠线帘	在现代风格的居室中，可以选择金属、水晶、贝壳等材料或珍珠帘、线帘、布帘等个性化珠线帘装饰空间，可以增添时尚感和个性。除了能够作为装饰品外，珠线帘还可以作为轻盈、透气的软隔断来使用	适用于现代风格的珠线帘市价约为 97~380 元/个
无框抽象装饰画	抽象派装饰画画面上没有规律性，非具象画面，而是充满了各种颜色的意念派，搭配上无框的装饰手法，悬挂在现代风格的家居中，能够增添时尚感和艺术性，彰显居住者的涵养和品位	适用于现代风格的装饰画市价约为 250~760 元/组

7.2 简约风格预算配比

简约风格（图7-2）的家居装修简便、支出费用较少，讲求"重装饰，轻装修"原则，简洁、实用、节约是简约风格的基本特点。简约风格家居其预算重点是后期的软装部分，预算时注重质量，放宽重点空间的装修费用支出。

图7-2 典型的简约风格

1. 风格特点及整体预算

简约风格的核心思想是"少即是多"，舍弃一切不必要的装饰元素，摒弃复杂的设计元素，追求造型的简洁和色彩的愉悦。墙面很少采用造型，因此装修整体造价通常为 10 万 ~ 18 万元。

2. 适用的硬装材料

简约风格硬装所使用的材料范围有所扩大，虽然仍然会使用传统的石材、木材以及砖等天然或半天然材料，但比例有所减少，现代感的金属、涂料、玻璃、塑料及合成材料会单独或与传统材料组合使用，所以在做设计及预算时，也可列入选择范围。

3. 适用的软装材料

　　简约风格的软装款式应与硬装相呼应，可选择一些功能较多且实用的家具，例如折叠家具、直线条的可兼做床的沙发等。装饰品数量在精不在多，外形简练的陶瓷摆件、玻璃摆件和金属摆件等都可以列入预算中。

7.2.1　简约风格典型硬装材料预算

硬装材料		材料说明	市场价格
纯色涂料或乳胶漆		各种色彩的光滑面涂料或乳胶漆是简约风格家居中最常用的顶面和墙面材料，没有任何纹理的质感能够塑造出宽敞的基调，色彩可根据喜好和居室面积来选择	适用于简约风格的乳胶漆市价约为 36~75 元 /m²
白色系大理石		白色系大理石包括爵士白、雅士白、珍珠白等大理石，属于简约风格的代表色。纹理不宜选择太复杂的款式，通常被用在客厅中装饰主题墙，可以搭配不锈钢边条或黑镜	适用于简约风格的大理石市价约为 260~1 100 元 /m²
暖色玻化瓷砖		玻化砖有"地砖之王"的美誉，表面光亮，性能稳定，较好打理，装饰效果可媲美石材，符合简约风格追求实用性和宽敞感的理念，使用部位一般为客餐厅的地面	适用于简约风格的玻化砖市价约为 75~320 元 /m²
磨砂镜面		常用的磨砂镜面包括银镜、灰镜、通透玻璃等，由于没有花纹装饰，因此可扩大空间感并增强时尚感，可大面积用在主题墙上，也可以设计在推拉门或隔断等处	适用于简约风格的磨砂镜市价约为 150~280 元 /m²
纯色壁纸		纯色壁纸给人的感觉比较简练，符合简约风格的主旨，很适合用在简约家居的客厅电视墙、沙发墙以及卧室或书房的墙面上，平面粘贴或与涂料、乳胶漆、石膏板等材料搭配组合做一些大气而简约的造型，为简约居室增添层次感	适用于简约风格的壁纸市价约为 55~135 元 / m²

7.2.2 简约风格典型软装材料预算

软装材料	材料说明	市场价格
低矮造型床	低矮、直线条、色彩明快的床是比较具有简约风格代表性的，如果是小卧室，同时兼具储物功能或可折叠功能更能体现简约特点，整体上以板式家具为主	适用于简约风格的床市价约为 2 650~7 400 元 / 张
简洁美感座椅	简约风格的家居中，座椅是不可缺少的活跃空间氛围的家具，它的材质和色彩选择范围较大。造型上不再限制于直线条的款式，即使是弧度的设计也非常利落	适用于简约风格的座椅市约为 280~940 元 / 张
组合装饰画	简约风格的装饰画多采用组合的形式呈现，或以纯粹的黑白灰两色或三色组合，或加入其他色彩，但色彩数量均不宜太多。画框的造型也非常简洁，基本没有雕花和弧线，虽然整体简单却十分经典	适用于简约风格的装饰画市价约为 420~1 150 元 / 组
纯色布艺窗帘	简约风格中的布艺窗帘多为素色的款式，例如灰色、白色、米色等。面积越大的布艺窗帘越给人一种素净、低调的感觉；小面积的布艺窗帘则可适量选择亮丽一些的彩色或带有一些几何形状的纹理	适用于简约风格的窗帘市价约为 85~270 元 /m
大叶绿植	因为装饰品的数量被精减，所以适当地使用一些花艺或绿植能够为简约居室增添一些生活气息。花艺的最佳选择是单枝或数枝造型优美的品种；绿植无论大小，叶片大一些、数量少一些更符合简约的特点	适用于简约风格的绿植市价约为 58~320 元 / 盆

北欧风格（图7-3）源于北欧地区，它包含了三个流派，分别是瑞典设计、丹麦设计、芬兰现代设计，统称为北欧风格，均具有简洁、自然、人性化的特点，总的来说最突出的特点就是极简。这种极简不仅体现在居室的硬装设计上，同样也体现在软装的搭配上，但同时又以舒适性为设计出发点，充分具备了人性化的关怀。

图7-3　典型的北欧风格

1. 风格特点及整体预算

北欧风格家居中的顶、墙、地三个面，完全不用纹样和图案装饰，只用线条、色块来区分点缀，也就是说不做任何造型，只涂色，而靠后期的软装进行装饰，且软装数量不宜过多，是非常节省预算的一种装修风格，装修整体造价通常为13万~20万元。

2. 适用的硬装材料

北欧风格发源地的地域特征决定了其非常注重对自然材料的运用，所以木材可以说是其灵魂材料，地面使用的通常是各种类型的木地板，但色彩不会太深。由于墙面基本不使用造型，涂料、乳胶漆、粗糙的砖、文化石等就非常实用。

3. 适用的软装材料

如果预算不是很充足，墙面可以直接"四白落地"，把重点放在家具和灯具的搭配上。北欧风格的设计闻名于世，代表款式非常多，家具完全不带雕花和纹饰，总的来说以布艺和木料为主，而灯具则以金属为主。

7.3.1　北欧风格典型硬装材料预算

硬装材料		材料说明	市场价格
彩色乳胶漆		北欧风格的最大特点是基本不使用任何纹样和图案来做墙面装饰，所以墙面的装饰就需依靠色彩非常丰富的乳胶漆或涂料来表现，其中，亚光质感的或带有一些颗粒感的款式，更符合北欧风格的意境	适用于北欧风格的乳胶漆市价约为38~84元/㎡
白色砖墙		白色砖墙经常被用作电视墙或沙发墙，它具有自然的凹凸质感和颗粒状的漆面，可以表现出北欧风格原始、自然且纯净的内涵，同时还能够为材料限制较大、质感比较单一的墙面增加一些层次感	适用于北欧风格的墙面装饰砖市价约为165~245元/㎡
浅色木地板		木材料是北欧风格的灵魂，一般家装地面面积较大，所以常使用各种木地板做装饰，如强化木地板、复合木地板甚至是实木地板等，但木地板很少使用深色或红色系，而较多使用白色、浅灰色、浅原木色、浅棕色等	适用于北欧风格的木地板市价约为170~420元/㎡
木饰面板		木饰面板易于造型，可与多种材料搭配组合，具有丰富的木质纹理，但它很少用在纯北欧家居中，常用在一些改良式的或与其他风格混搭的北欧家居中，色彩多为浅色系列或浅棕色板材	适用于北欧风格的木饰面板市价约为120~280元/张
北欧风格壁纸		北欧风格的壁纸有着丰富的条纹变化，和类似墙贴般的装饰纹理。北欧风格的壁纸不同于纯白的乳胶漆墙面，其具有丰富的变化和色彩，多粘贴在卧室、书房等空间	适用于北欧风格的壁纸市价约为65~145元/㎡

7.3.2 北欧风格典型软装材料预算

软装材料		材料说明	市场价格
布艺沙发		典型北欧风格的沙发高度都比较低矮，扶手及框架部分完全不设计任何雕花装饰，整体造型极其简洁，特征显著，小户型和大户型均适用。材料组合以布艺搭配木腿的款式为主，面层多为纯色或色彩明快的布料	适用于北欧风格的沙发市约为 3 300~8 560 元/套
原木餐桌		北欧风格崇尚原木色，而在餐桌的设计中，多采用浅色原木，一方面展现出轻快的色调，另一方面突出北欧贴近自然的设计	适用于北欧风格的餐桌市约为 2 300~4 650 元/张
几何形极简几类		圆形、圆弧三角形带有低矮竖立边的茶几、角几等是最具北欧特点的几类款式，除此之外，长条形的几类也比较常用。材料以全实木、全铁艺、板式木或大理石面搭配铁艺比较常见	适用于北欧风格的茶几、角几市价约为 260~780 元/张
极简吊灯		北欧风格的灯具极具设计感，以实木和金属材料为主，吊灯、台灯或落地灯的罩面不使用图案，而是以极简造型取胜。色彩比较多样化，但都给人非常舒适的感觉，黑、白、原木、红、蓝、粉、绿等都比较多见	适用于北欧风格的灯具市价约为 580~1 640 元/盏
黑框白底装饰画		北欧装饰画画框造型简洁，宽度较窄，色彩多为黑色、白色或浅色原木。画面底色以白底最为常见；图案多为大叶片的植物、麋鹿等北欧动物或几何形状的色块、英文字母等，色彩以黑色、白色、灰色及各种低彩度的彩色较为常见	适用于北欧风格的装饰画市价约为 220~800 元/幅

7.4 中式风格预算配比

中式风格（图7-4）是以宫廷建筑为代表的室内装饰设计艺术风格，它是在现代住宅中对古典元素的完美重现，装饰效果气势恢弘、壮丽华贵。其需要比较高和进深大的空间，造型讲究对称，色彩讲究对比，装饰材料以实木为主，图案多是与传统神话有关的龙、凤、龟、狮等等。

图7-4 典型的中式风格

1. 风格特点及整体预算

中式风格的特点是多采用对称式的造型和布局，整体装饰具有丰富的文化底蕴和历史传承感，传统图案和造型符号使用较多，实木家具、实木造型设计比较多，装修整体造价通常为30万~85万元。

2. 适用的硬装材料

中国古代宫廷建筑室内多使用木质材料做装饰，所以传统中式风格也延续了这一特点，墙面甚至是顶面多采用各类木质材料做装饰，但颜色都比较厚重，例如各类深棕色、棕红色的饰面板和实木等。为了调节层次感，也常会搭配一些带有中式图案的壁纸。比较来说，传统中式住宅在硬装方面预算是比较高的。

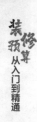

3. 适用的软装材料

实木家具是非常具有代表性的中式软装元素，包括各类红木家具，如花梨木、紫檀木家具等，价格通常比较高，所以是预算的分配重点。其中使用较多的有两大类，一类是明式风格家具，另一类是清式风格家具，前者较轻盈、婉约，后者较厚重、华丽。此外，还可用一些宫灯、国画、书法作品、文房四宝等来增强中式特征。

7.4.1 中式风格典型硬装材料预算

硬装材料		材料说明	市场价格
实木造型		若硬装方面的计划预算比较宽裕且想要环保一些，可以用实木板、实木线条来装饰顶面、墙面，需注意的是不同类型的实木板价格差距是比较大的，喜欢珍稀类的实木可以将其放在重点部位，例如背景墙，其他部分可拼接普通板材	适用于中式风格的实木板市价约为1 850~6 500元/m²
传统图案壁纸		单独使用木质材料装饰墙面不符合现代人的审美观念，且现代住宅即使是高、深的户型与古代也是没有办法比拟的，所以适当地使用一些带有神兽、祥纹等传统图案的壁纸，不仅会让人感觉更舒适，也能够丰富层次，减轻木质材料的厚重感	适用于中式风格的壁纸市价约为85~230元/m²
实木雕花隔断		镂空雕花类造型如隔断、窗棂、花格等是中式传统风格的灵魂，常用的有回字纹、冰裂纹、卍字纹等，具有丰富的层次感，即使数量较少也能为居室增添古典韵味	适用于中式风格的雕花隔断等市价约为450~960元/m²
青砖		青砖具有素雅、沉稳、古朴、宁静的美感，属于中式民间传统建筑材料之一，与传统中式家居的气氛搭配非常协调，可以与壁纸、实木等其他材料组合用在背景墙上。除此之外，也可以用在地面上，无须做饰面处理，表面的孔洞即可防滑	适用于中式风格的青砖市价约为35~78元/m²
青石板岩		青石板岩有着与青砖类似的效果，可以分为天然板岩和人造板岩两种，前者效果更自然，后者价格较低且更好打理一些，可根据需求选择。不同的是，天然板岩更适合用在客餐厅的地面上，人造板岩更适合设计在卫生间中	适用于中式风格的青石板岩市价约为135~370元/m²

7.4.2 中式风格典型软装材料预算

软装材料		材料说明	市场价格
实木沙发		在中国古代宫廷或民间建筑中,是没有沙发这类家具的,而是以各种座椅为主。为适应现代人生活需求,发展出了实木沙发家具,多采用红木制作。在传统中式住宅中,多用实木沙发摆放在客厅,此类沙发多成组出售,有的还包含了相关配套家具	适用于中式风格的实木沙发市价约为 8 750~40 000 元 / 套
圈椅		无论是明式家具还是清式家具中,圈椅、官帽椅和太师椅都是非常具有代表性的家具,可以使用一张主沙发摆放在中间,两侧对称搭配这些类型的椅子,既有变化又能够烘托传统气氛	适用于中式风格的太师椅等市价约为 1 900~3 250 元 / 张
博古架		博古架也是中国传统代表家具之一,款式很多,除了常用的立式架子外,还有横式架子可以摆放也可以悬挂在墙面上。它既可以展示物品、存储物品,也可以作为隔断使用,能够为传统中式住宅增添灵动感	适用于中式风格的博古架市价约为 4 500~18 700 元 / 套
中式宫灯		宫灯是非常具有中式传统气质的代表性灯具,框架为实木材质,多为中式造型雕花;灯罩辅以纱、羊皮等材料,多搭配中式韵味彩绘,充满了宫廷韵味,装饰效果美轮美奂	适用于中式风格的灯具市价约为 1 850~4 650 元 / 盏
瓷器工艺品		中国是瓷器的发源地,瓷器在古代闻名于世,它是摆件中最具传统中式风格的一种,除了青花瓷瓶、盘外,一些具有现代审美的彩色瓷器也可以使用	适用于中式风格的瓷器工艺品市价约为 480~1500 元 / 个

7.5 新中式风格预算配比

如果说传统中式风格是对古典的再现，那么新中式风格（图7-5）就是对古典精华元素的再加工。它继承了明清时期家居理念的精华，将其中的一些经典元素提炼并加以丰富，包括图案、造型和色彩等。同时改变严谨、对称的布局，给传统家居文化注入了新的气息。

图7-5 典型的新中式风格

1. 风格特点及整体预算

新中式风格不是完全意义上的复古明清，而是通过一些中式特征，表达对清雅含蓄、端庄丰华的东方式精神境界的追求。装饰材料的选择上木料仍然占据较大的比例，但并不仅限于木料，天然类的石材，一些新型的金属、玻璃等也常运用其中，装修整体造价通常为20万~45万元。

2. 适用的硬装材料

木料仍是非常具有代表性的材料，在硬装材料的预算中可以加大资金比例。为了表现新中式的特征，实木材料的使用量会相应减少，而多使用板材做装饰。另外，石材、砖、不锈钢、玻璃等材料可以适量使用。

3. 适用的软装材料

　　新中式风格在软装上与传统中式风格相比改变较大，它仅具有中式的神韵，而更多地使用的是现代的造型手法和材料组合，预算重点在大件家具、灯具和摆件上。例如主沙发、主吊灯和大型摆件预算费用较高，辅助沙发、座椅、小灯具以及小摆件的预算费用可以低一些。

7.5.1　新中式风格典型硬装材料预算

硬装材料		材料说明	市场价格
木制造型		新中式风格的木质材料使用，不再像传统中式风格那样覆盖整个墙面，而是要做一些留白的设计，利用木质材料的纹理结合其他材料，塑造出多层次的质感。如回字形吊顶一圈细长的实木线条，或是电视背景墙用实木线条勾勒出新中式造型等等	适用于新中式风格的木制造型市价约为350~760元/㎡
新中式壁纸		新中式风格的壁纸具有清淡优雅之风，多带有花鸟、梅兰、竹菊、山水、祥云、回纹、书法文字或古代侍女等中式图案，色彩淡雅、柔和，一般比较简单，不具烦琐之感。可单独粘贴在墙面上，也可以搭配一些木质或石膏板造型制造层次感	适用于新中式风格的壁纸市价约为68~145元/㎡
浅灰天然石材		石材纹理自然、独特且具有时尚感，用途比较广泛。在新中式住宅中适量地使用一些石材可以提升整体的现代感。使用时可以用来装饰地面，也可以搭配木料做造型用在背景墙上	适用于新中式风格的天然石材市价约为350~720元/㎡
不锈钢线条		新中式风格住宅中除较多地运用一些实木线条外，还会经常使用金色或银色的不锈钢设计加入到墙面造型中。如在背景的石材造型四周包裹不锈钢，使不锈钢与石材的硬朗质感良好地融合在一起，使古典和时尚融合	适用于新中式风格的不锈钢线条市价约为18~45元/m
仿石材瓷砖		若从节约资金和施工便捷性的角度出发，地面使用一些仿大理石纹理、仿实木地板纹理或仿青石板的地砖，既能够增添一些古雅的韵味，又符合现代人的生活需求	适用于新中式风格的瓷砖市价约为80~320元/㎡

7.5.2 新中式风格典型软装材料预算

软装材料		材料说明	市场价格
木结构沙发		木结构沙发可以分为两类，一类是实木沙发，与传统实木沙发的区别是新中式风格的实木沙发基本不使用雕花造型，整体造型比较简洁，多为直线条，有些还会涂刷彩色油漆；另一类是复合材质的沙发，框架部分也常使用木料，或木料搭配藤等，靠背和扶手材料较丰富，除了实木还有纯色布艺、中式印花布艺、中式丝绸刺绣、中式印花丝绸等等	适用于新中式风格的沙发市价约为 3 760~8 850 元/套
四柱床		四柱床是新中式风格中非常具有代表性的家具，不同于古代的四柱床，新中式四柱床在造型上简化了很多，不加入雕花设计，多为直线条造型，材质有实木也有复合木，整体感觉较轻盈，顶面可搭配白纱烘托氛围	适用于新中式风格的四柱床市价约为 4 100~7 900 元/张
彩绘实木柜		经过彩色油漆或彩色油漆加彩绘的柜子，表面做一些类似掉漆等形态的做旧处理，具有传承的感觉，非常适合放在玄关、过道或卧室内做装饰，能够为新中式的居室增添个性和艺术氛围	适用于新中式风格的实木柜市价约为 1 850~3 700 元/个
水墨抽象画		与古典中式风格相同的是，古典风格的国画、书法作品等，也适合用在新中式风格的家居中，能够增加古典气氛，表现业主的品位。除此之外，一些带有创意性的水墨抽象画也可以表现新中式风格的传统意境，黑白或彩色均可	适用于新中式风格的装饰画市价约为 650~2 150 元/幅
东方风格花艺		东方风格的花艺重视线条与造型的灵动美感，崇尚自然，追求朴实秀雅，花枝少，多采用浅、淡色彩，以优雅见长，着重表现自然姿态美，能够为新中式住宅增添灵动的美感。与新中式风格的内涵相符，适合摆放在台面或家具上	适用于新中式风格的花艺摆件市价约为 150~400 元/瓶

7.6 欧式风格预算配比

　　古典欧式装修风格（图7-6）以华丽的装饰、浓烈的色彩、精美的造型达到雍容华贵的装饰效果，通过极具特点的建筑构建搭配家具塑造出独特的宫廷美感。具体包括罗马风格、哥特式风格、文艺复兴风格、巴洛克风格、洛可可风格以及新古典主义风格等，其中最具代表性的是巴洛克风格和洛可可风格。

图7-6　典型的欧式风格

1. 风格特点及整体预算

　　欧式风格在经历了古希腊、古罗马的洗礼之后，形成了以柱式、拱券、山花、雕塑为主要构件的装饰风格，因此，欧式风格中多会出现罗马柱、欧式雕花壁炉或线条等元素，可以将硬装的预算重点放在这些特征显著的构件上，而后搭配一些家具来节省预算，装修整体造价通常为30万~75万元。

2. 适用的硬装材料

　　欧式风格家居顶部喜用大型灯池，门窗上半部多做成圆弧形，并用带有花纹的石膏线勾边，室内有壁炉造型，墙面常用高档壁纸。整体效果非常豪华，适合面积大且开阔的户型，所以硬装方面的预算占比较大，可以为整体预算的1/3左右，若欧式构件使用较少而多使用壁纸则可以降低预算比例。

3. 适用的软装材料

欧式风格的软装强调造型上的精美和装饰上的奢华感，材料多使用柚木、橡木、胡桃木、黑檀木、天鹅绒和皮革等，五金件用青铜、金、银、锡等，所以占据预算的比例也较大，一般为去掉硬装后所余金额的 2/3 左右。

7.6.1 欧式风格典型硬装材料预算

硬装材料	材料说明	市场价格
欧式护墙板	护墙板有实木材质和复合木板两种类型，属于集成式的设计，其拥有良好的恒温性、降噪性，不仅能有效保护建筑墙面，又具有极佳的装饰性	适用于欧式风格的护墙板市价约为 680~2 700 元 /m²
藻井式吊顶	藻井式吊顶适合设计在面积较大、举架较高、带有灯池的顶面中，能够强调欧式的华丽感并减弱由建筑高度带来的空旷感。稳重、厚实的藻井式吊顶十分适宜，既可以体现古典欧式风格的大气感，又能丰富顶面的视觉层次	适用于欧式风格的吊顶市价约为135~165 元 /m²
欧式纹理壁纸	欧式纹理壁纸包括莨苕纹、月桂纹、叶蔓纹、卷草纹、大马士革纹、佩兹利纹等，使用带有此类图案的壁纸与护墙板或石膏线搭配，能够烘托出华丽的感觉	适用于欧式风格的壁纸市价约为 86~185 元 /m²
雕花石膏线	雕花石膏线在古典欧式风格住宅中的作用很多，除了可以装饰顶角外，还可以直接粘贴在顶部和墙面上做造型，如果想要强化华丽感，还可以用带有描金设计的款式	适用于欧式风格的雕花石膏线市价约为 23~57 元 / m
壁炉	壁炉是西方文化的典型载体，很适合用在客厅中。可以使用具有取暖作用的真壁炉，也可以使用壁炉造型，辅以油画以及饰品，营造出极具西方情调的空间	适用于欧式风格的壁炉市价约为 2 350~6 200 元 / 个

7.6.2　欧式风格典型软装材料预算

软装材料		材料说明	市场价格
鎏金雕花沙发		欧式风格沙发讲究手工精细的裁切雕刻，对每个细节都精益求精，轮廓和转折部分由对称而富有节奏感的曲线或曲面构成，表面多会装饰镀金、镀银、铜饰，坐卧部分以天鹅绒、皮料等为主，具有华贵优雅的装饰效果	适用于欧式风格的沙发市价约为 8 500~45 000 元 / 套
兽腿几类		欧式风格几类多采用兽腿造型，上面带有繁复流畅的雕花可以增强家具的流动感，也会使用鎏金或描金设计，面层多为实木或大理石，这种组合令家居环境更具品质感，与沙发搭配非常协调	适用于欧式风格的几类市价约为 2 250~3 360 元 / 张
欧式雕花床		欧式风格床总体造型可以分为立柱床和非立柱床两大类，特征类似，或为全实木材质，搭配精致的曲线雕花；或为实木框架搭配软包拉扣床头，华丽而不失舒适感	适用于欧式风格的床市价约为 3 750~9 600 元 / 张
欧式铁艺吊灯		欧式风格的灯具多以树脂和铁艺为主，其中树脂运用得比较多，通常会带有一些雕刻式花纹造型，而后多会贴上金箔、银箔或做描金处理，非常具有华丽的质感	适用于欧式风格的灯具市价约为 2 400~7 300 元 / 盏
欧式油画		油画是西洋画的主要画种之一，它的色彩搭配比较浓烈，搭配金色的树脂画框后，非常适合用在古典欧式风格家居中，能够烘托艺术感并增强华丽感	适用于欧式风格的装饰画市价约为 630~1 750 元 / 幅

7.7 简欧风格预算配比

简欧风格（图7-7）就是将古典欧式风格简化后的欧式风格。古典欧式风格对建筑的构架要求较高且比较华丽，对于喜爱欧式风格但居住在平层的人群来说，不太适宜。而简欧风格不仅汲取了古典欧式的造型精华部分，且融合了现代人的生活习惯和建筑结构特征，更多地表现为实用性和多元化，同时仍具有欧式风格的典雅特征。

图7-7 典型的简欧风格

1. 风格特点及整体预算

简欧风格就是用现代简约的手法通过现代的材料及工艺重新演绎、营造欧式传承的浪漫、休闲、华丽大气的氛围。墙面和家具的造型一方面保留了古典欧式材质、色彩的大致风格，仍然可以很强烈地感受到传统的历史痕迹与浑厚的文化底蕴，同时又摒弃了过于复杂的肌理和装饰。预算的金额要低于古典欧式风格，装修整体造价通常为22万~52万元。

2. 适用的硬装材料

简欧风格家居不再使用复杂的、大量的顶面和墙面造型，例如跌级式吊灯和护墙板等，而是以乳胶漆、壁纸等材料搭配无雕花装饰的石膏线或大理石做造型，门窗的设计也更简约，以直线条为主，硬装的底色大多采用白色、淡色为主。总体来说，其硬装造型上具有两个特征：一是对称，多为方形；二是使用的材料细节上较为精致。如果从节约资金的角度出发，一个空间内可以设计一面重点墙面，其他部分不使用造型。

3. 适用的软装材料

简欧风格家居中的软装不再追求表面的奢华和美感，而是更多地从解决人们生活的实际问题出发。软装的总体造型设计延续了欧式经典的曲面设计，但弧度更大气，大大减少了雕花、描金等装饰，还加入了大量的直线来表现简洁感。

7.7.1　简欧风格典型硬装材料预算

硬装材料		材料说明	市场价格
墙面线条造型		简欧风格家居中为了凸显简洁感很少会使用护墙板，为了在细节上表现欧式造型特征，通常是把石膏线或木线用在重点墙面上，做具有欧式特点的造型	适用于简欧风格的石膏线市价约为 15～35 元 /m
花纹壁纸		除了大马士革纹、佩兹利纹等古典欧式风格纹理的壁纸外，简欧风格居室内还可以使用条纹和花纹图案的壁纸，在同一个空间中很少会单独使用壁纸来贴墙，在主题墙部分会搭配一些造型，其他墙面再部分或全部粘贴壁纸，或者仅主题墙粘贴壁纸更符合简欧风格的特征	适用于简欧风格的壁纸市价约为 68~146 元 /m²
大理石地面		根据户型特点选择简欧风格居室的地面材料，如果是复式或别墅，一层可以整体铺贴大理石，并加入一些拼花设计，来彰显大气感；如果是平层结构，可以在公共区铺设大理石，在面积小的情况下，可以不做大面积的拼花而做小块面的拼花	适用于简欧风格的大理石市价约为 260~470 元 /m²
复合木地板		舒适感的营造是简欧风格区别于古典欧式风格的一个显著特征，所以在非公共区域内，使用一些木质地板能够增添温馨的感觉。包括卧室、书房等空间中，色彩的选择比较重要，如可以选择棕色系、红色系等	适用于简欧风格的复合木地板市价约为 160~330 元 / m²
简化的壁炉		壁炉是欧式设计的精华所在，所以在简欧风格居室中也是很常见的硬装造型，与古典欧式风格壁炉的区别是，它的造型更简洁一些，整体具有欧式特点但不再使用繁复的雕花	适用于简欧风格的壁炉市价约为 1 000~3 800 元 / 个

7.7.2　简欧风格典型软装材料预算

软装材料		材料说明	市场价格
简欧风格沙发		简欧风格的沙发体积缩小，同时雕花、鎏金等华丽的设计大量减少，或只出现在扶手或腿部，或完全不使用。除了丝绒和皮料，还加入了不少布艺的款式。整体造型大气，仍然使用弧度，但更多地融入了直线	适用于简欧风格的沙发市价约为 3 200~9 400 元 / 套
布艺软包床		软包床靠背或立板的下沿使用简洁的大幅度曲线、床头板部分多使用舒适的布艺软包且腿部比较矮的床，用在简欧风格的卧室中，能够彰显风格特点	适用于简欧风格的床市价约为 3 450~7 700 元 / 张
水晶烛台吊灯		框架造型以柔和感的曲线为构架，不使用或很少使用复杂的雕花，灯具使用仿烛台款式，下方悬挂水晶装饰的吊灯，能够为简欧风格的家居增添低调的华丽感	适用于简欧风格的灯具市价约为 1 860~5 400 元 / 盏
现代感油画		简欧风格家居除了使用一些画框造型比较简单但带有欧式特征的古典西洋油画外，还适合使用一些现代感的油画，例如立体油画、抽象油画等	适用于简欧风格的装饰画市价约为 840~1 560 元 / 幅
金属摆件		金属摆件是简欧风格区别于古典欧式风格的一个显著元素，有两种类型：一类是纯粹的金属，此类摆件表面不会处理得很光滑，独具个性和艺术感；另一类是金属和玻璃结合的摆件，金属部分通常会比较光亮	适用于简欧风格的摆件市价约为 470~1 360 元 / 个

7.8 | 美式乡村风格预算配比

美式乡村风格（图7-8）是一种融合性的风格，是以欧式造型为框架并融入了当地的特征，创造出的独具质朴感和舒适感的设计风格。此风格的家居强调"回归自然"，带着浓浓的乡村气息，以享受为最高原则，总体来看其典型的要素就是宽大和做旧。

图7-8 典型的美式乡村风格

1. 风格特点及整体预算

为了表现风格自由、舒适的惬意感，美式乡村风格家居造型上多见圆润的拱形，最常见的是拱形的垭口；同时宽大的风格特点决定了其户型面积不能过于狭小。无论是圆弧造型、较大的面积还是宽大做旧的家具，都将花费一笔不菲的资金，整合起来后装修整体造价通常为20万~58万元。

2. 适用的硬装材料

自然、怀旧、散发着浓郁泥土芬芳的色彩是美式乡村风格的典型特征，以自然色调为主，绿色、土褐色最为常见，而这些色彩在硬装方面主要是通过壁纸和做旧实木结构来体现的，这两种材料可以作为预算的重点，壁纸多为纸浆壁纸，做旧实木结构则通过实木假梁、实木垭口以及实木门等来体现。

3. 适用的软装材料

美式乡村风格的家具颜色多做仿旧处理,材质上以实木和皮质为主,式样非常厚重。布艺也是装饰的主流,为了切合主体特征,多为棉麻材料。除此之外,为了在统一感中增添一些活泼的氛围,因此家装中带有岁月沧桑感的配饰随处可见。这三类软装可以作为装修预算的重点。

7.8.1 美式乡村风格典型硬装材料预算

硬装材料		材料说明	市场价格
美式图案壁纸		美式乡村风格的壁纸色调整体以绿色、褐色系、蜂蜜色为主,来表现美式风格的朴实性。图案包含了各种具有美式韵味的花鸟、建筑、人物以及拼色条纹等等	适用于美式乡村风格的壁纸市价约为65~145元/m²
实木墙裙		实木墙裙以木材为基材,在一些面积较大、层高较高的住宅中,用墙裙搭配其他壁纸或文化石装饰墙面,能够凸显美式乡村风格的自然韵味。与欧式墙裙区别较大的是,美式墙裙以直线条块面结构为主,给人的感觉比较敦实	适用于美式乡村风格的墙裙市价约为850~2 560元/m²
硅藻泥涂料		美式乡村风格的居室内用硅藻泥涂刷墙面,既环保,又能为居室创造出古朴的氛围。常搭配实木造型涂刷在沙发背景墙或电视机背景墙上,结合客厅内的做旧家具,形成美式乡村风格的质朴氛围	适用于美式乡村风格的硅藻泥市价约为85~360元/m²
仿古地砖		仿古地砖是与美式乡村风格最为搭配的材料之一,其本身的凹凸质感及多样化的纹理选择,可使铺设仿古地砖的空间充满质朴和粗犷的味道,且仿古地砖也较容易与美式乡村风格的家具及装饰品搭配	适用于美式乡村风格的仿古地砖市价约为135~280元/m²
文化石		在美式乡村风格居室中通常会使用一些自然切割的石材装饰墙面,而由于居住区域或开采等原因的限制,现代家居中往往无法实现使用天然石材装饰的这种做法,但是可以用体积更轻、花样更多的文化石代替自然石材以装饰墙面,例如城堡石、鹅卵石等等	适用于美式乡村风格的文化石市价约为78~210元/m²

7.8.2 美式乡村风格典型软装材料预算

软装材料	材料说明	市场价格
美式沙发	美式乡村风格带着浓浓的乡村气息，以享受为最高原则，所以沙发在面料上强调舒适度，感觉起来宽松柔软，体积庞大，质地厚重，坐垫也加大，彻底将以前欧洲皇室贵族的极品家具平民化，气派而且实用	适用于美式乡村风格的沙发市价约为 15 400~38 600 元/套
深棕色桌、柜	桌和柜类家具属于体积较大的家具，造型上都具有显著的乡村特征，桌面或柜面偶尔会采用拼花方式制作。材质仍以实木为主，常会涂刷清漆并做旧痕迹，而色彩则以棕色系的原木色为主	适用于美式乡村风格的桌、柜市价约为 1 760~3500 元/张（个）
厚重实木床	实木结构的床通常会搭配高挑的床头，整体较低矮、脚短，四个角配有短的立柱，床头雕刻有美式花纹或做皮质拉扣软包造型，这类深色做旧实木床，是典型的美式乡村风格家具	适用于美式乡村风格的床市价约为 3 800~7 900 元/张
复古纹理布艺	布艺是美式乡村风格中非常重要的软装元素，带有纹理的棉麻是主流，布艺的天然感与乡村风格能很好地协调；各种繁复的花卉植物、靓丽的异域风情和鲜活的鸟虫鱼图案都很适合，能够展现出风格中舒适和随意的一面	适用于美式乡村风格的布艺窗帘市价约为 125~270 元/m
阔叶绿植	美式乡村风格中总是少不了绿植的装饰，一些爬藤类、垂吊类以及阔叶类的大型植物，是非常适合用在美式乡村风格家居中的，能够活跃氛围、强化自然气息。可以摆放在做旧感的实木桌面上，也可以准备一些黑色做旧处理的花架，组成一定的造型，丰富空间	适用于美式乡村风格的绿植市价约为 380~750 元/盆

7.9 地中海风格预算配比

地中海风格（图7-9）于9世纪至11世纪时开始兴起，它是海洋风格装修的典型代表。物产丰饶、长海岸线、建筑风格的多样化、日照强烈、独特的风土人文等，这些因素决定了地中海风格极具亲切的田园风情，同时具有自由奔放、色彩丰富明媚的特点，使用海洋元素进行家居设计是其区别于其他风格的典型要素。

图7-9　典型的地中海风格

1. 风格特点及整体预算

地中海沿岸的建筑多通过连续的拱门、马蹄形窗等来体现空间的通透，用栈桥状露台和开放式房间功能分区体现开放性，通过这一系列的建筑装饰语言来表达地中海装修风格的自由精神内涵。因此，在地中海风格的家居中，无论是硬装还是软装，圆润弧度的造型是最为常用的，可以作为预算重点，装修整体造价通常为15万~22万元。

2. 适用的硬装材料

地中海沿岸建筑给人一种非常自由、惬意的感觉，外表常使用白色或彩色的粗颗粒涂料来涂刷，让人印象非常深刻，所以地中海风格装修也延续了这种做法。另外，为了表现自然感，一般选用自然的原木、天然的石材等，再用马赛克、小石子、瓷砖、玻璃珠和贝壳类做点缀。

3. 适用的软装材料

家具线条简单、造型圆润，并带有一些弧度，材料上以天然的布料、实木和藤等为主；小装饰则以海洋元素造型为主，包括灯塔、船、船锚、船舱、鱼、海星等，选择带有这些特点的软装能够迅速打造出具有浓郁地中海风格的空间。

7.9.1 地中海风格典型硬装材料预算

硬装材料		材料说明	市场价格
白色圆润墙面		将白色乳胶漆涂刷在圆润的墙面上，是地中海装修风格中典型的设计手法，不仅因为其白色的纯度色彩与地中海的气质相符，也因其自身所具备的圆润的质感，令居室呈现出地中海风格建筑所独有的韵味	适用于地中海风格的乳胶漆市价约为65~145元/m²
蓝白马赛克		马赛克是地中海家居中非常重要的一种装饰材料，通常是以蓝色和白色为主的，两色相拼或加入其他色彩相拼，常用的有玻璃、陶瓷和贝壳材质。使用时，除了厨卫空间外，也可以用在客厅、餐厅等空间的背景墙和地面上	适用于地中海风格的马赛克市价约为156~320元/m²
海洋风格墙绘		典型的地中海风格墙绘会带有一些海洋元素图案，图案尺寸通常满铺墙面，有时还会与条纹组合起来使用，色彩都比较淡雅、清新	适用于地中海风格的墙绘市价约为120~230元/m²
圆拱造型		装饰设计上会把其他风格中所用的拱形都称为地中海拱形，可见拱形是地中海风格的绝对代表性元素，圆润的拱形不仅用在垭口部位，还会用在墙面、门窗等顶部位置，有时甚至会使用连续的拱形	适用于地中海风格的圆拱造型市价约为500~650元/项
浅色仿古地砖		具有做旧效果的仿古地砖非常适合自然类风格，在地中海风格家居中同样常见，且极具特色的是，仿古砖的使用非常具有创意性，地面上除了平行铺设还经常做斜向铺设。除了用在地面上外，也经常用在餐厅、卫浴等空间的背景墙部分，搭配一些花砖做组合，表现风格淳朴、自然的一面	适用于地中海风格的仿古地砖市价约为120~245元/m²

7.9.2 地中海风格典型软装材料预算

软装材料		材料说明	市场价格
蓝白条纹布艺沙发		布艺沙发是地中海风格中具有代表性的家具之一，最典型的是蓝白条纹的棉麻材料款式，有时还会搭配一些格纹或碎花图案，表现地中海风格中田园的气息	适用于地中海风格的沙发市价约为 2 650~6 700 元 / 套
白色混油餐桌		与硬装部分的拱形组合起来非常协调的是线条简单、造型圆润的木质家具，餐桌通常会涂刷白色混油；座椅通常会完全使用实木材质，木本色或涂刷白色、蓝色油漆	适用于地中海风格的餐桌市价约为 1 760~3 500 元 / 张
吊扇灯		地中海吊扇灯是灯和吊扇的完美结合，既具有灯的装饰性，又具有风扇的实用性，可以将古典美和现代美完美体现。常用在餐厅，与餐桌及座椅搭配使用，装饰效果十分出众	适用于地中海风格的吊扇灯市价约为 1 650~2 500 元 / 盏
海洋风摆件		海洋元素造型的饰品是地中海风格独有的代表性装饰，能够塑造出浓郁的海洋风情，常用的有帆船模型、救生圈、水手结、贝壳工艺品、木雕刷漆的海鸟和鱼类等	适用于地中海风格的工艺品市价约为 460~1 360 元 / 个
地中海风床品		与地中海风格布艺沙发相同的是，地中海风格的床品同样以天然棉麻材料为主，或纯色，或条纹格纹，还有可能是带有海洋元素印花的款式	适用于地中海风格的床品市价约为 270~860 元 / 套

7.10 田园风格预算配比

　　田园风格（图 7-10）形成于 20 世纪中期，在这之前室内装饰都比较繁复、奢华，所以清新、自然的田园风格应运而生，表现的是人们贴近自然、向往自然的追求，注重的是表现悠闲、舒畅、自然的生活情趣。田园风格的室内装饰会运用到大量的原木材质和带有田园气息的壁纸，同时花艺和绿植也是不可缺少的。

图 7-10　典型的田园风格

1. 风格特点及整体预算

　　田园风格以表现贴近自然、展现朴实生活的气息为主，特点是朴实，亲切，实在。广义来说，田园风格包括欧式田园、法式田园、英式田园、中式田园、韩式田园、美式乡村等，它并不专指某一特定时期或区域，虽然不同发源地让其略有不同，但总体意境是相同的。在装饰方面其显著特点是自然元素的利用，所以预算重点放在这方面既可以装饰出田园风格特点又可以节约资金。田园居室的装修整体造价通常为 18 万 ~ 28 万元。

2. 适用的硬装材料

　　提起田园风格，人们印象最深刻的就是碎花和格子，它们不仅通过布艺来呈现，也会使用在壁纸上。除此之外，一些原木的运用也是田园风格的一个特征，更容易塑造出田园风格的精髓。

3. 适用的软装材料

田园风格家具有两种类型，一是以白色、奶白色、象牙色的实木为框架，搭配纤维板或布艺；二是完全的布艺款式，都具有优雅、清新的韵味。小件软装具有代表性的是自然材料的类型。这两类可作为预算重点。

7.10.1 田园风格典型硬装材料预算

硬装材料		材料说明	市场价格
碎花、格纹壁纸		具有田园代表性元素的各种碎花、格纹壁纸和壁布是田园家居中最为常用的壁面材料，其中碎花图案的款式通常是浅色或白色底。花朵图案为主的款式，花朵的尺寸相对比较大时，可以选择带有凹凸感的材质，表现花朵的立体感，强化风格的自然特征	适用于田园风格的壁纸市价约为 58~130 元 /m²
墙裙		田园风格中的实木墙裙以绿色、白色木质为主，除了实木的做法外，还可以在墙裙上沿的位置使用腰线，上部分刷乳胶漆或涂料，下部分粘贴壁纸来做造型	适用于田园风格的实木墙裙市价约为 850~3200 元 /m²
仿古砖		仿古砖是田园风格地面材料的首选，粗糙的感觉让人能够感受到它朴实无华的内在，非常耐看，能够塑造出一种淡淡的清新之感	适用于田园风格的仿古砖市价约为 110~230 元 /m²
砖墙		田园风格与砖墙搭配是非常协调的，具有质朴的感觉，常用的有红砖和涂刷白色涂料的白砖，前者很少大量使用，会少量用在背景墙部分，后者既可搭配墙裙等设计组合使用，也可以整面墙式地使用	适用于田园风格的条形瓷砖市价约为 75~160 元 /m²
彩色乳胶漆		田园家居中，乳胶漆会使用一些彩色，例如草绿色、米黄色、淡黄色、水粉色等，来表现田园风格的惬意感	适用于田园风格的彩色乳胶漆市价约为 55~85 元 /m²

7.10.2　田园风格典型软装材料预算

软装材料		材料说明	市场价格
碎花布艺沙发		田园风格的沙发以布艺款式为主，在图案上可以选用小碎花、小方格、条纹一类的图案，色彩粉嫩、清新，来表现大自然的舒适和宁静	适用于田园风格的沙发市价约为 4 650~8 800元/套
象牙白餐桌		象牙白、奶白色的餐桌常出现在英式田园和韩式田园中，使用高档的桦木、楸木等做框架，配以优雅的造型和细致的线条，每一件都含蓄温婉、内敛而不张扬	适用于田园风格的餐桌市价约为 1 820~3 700元/张
田园元素灯具		田园风格的灯具主体部分多使用铁艺、铜和树脂等，造型上会大量使用田园元素，例如各种花、草、树、木的形态；灯罩多采用碎花、条纹等布艺灯罩，多伴随着吊穗、蝴蝶结、蕾丝等装饰。除此之外，还会使用带有暗纹的玻璃灯罩	适用于田园风格的灯具市价约为 1 250~2 600元/盏
自然题材装饰画		田园风格的装饰画题材以自然风景、植物花草、动物等自然元素为主。画面色彩多平和、舒适，由于取自于自然界，且会经过调和降低刺激感再使用，因此即使是对比色也会非常舒适，例如淡粉色和深绿色的组合	适用于田园风格的装饰画市价约为 350~1 460元/幅
自然风绿植		田园风格与绿植搭配比较协调，例如吊兰、绿萝等，同时还可将一些大叶绿植摆放在精美的盆器中。除此之外，将绿植放在木制花篮中也是很常见的做法。但无论哪种摆放方式，需注意的是绿植宜让人感觉舒适，体积可以小一些	适用于田园风格的绿植市价约为 180~670元/盆

7.11 东南亚风格预算配比

东南亚风格（图7-11）是雨林元素的代表风格，它在发展中不断地吸收西方和东方风格特色，发展出了极具热带原始岛屿风情的独特风格。其色彩兼容了厚重和鲜艳，并崇尚纯手工，自然温馨中不失华丽热情，通过硬装的细节和软装来演绎充满原始感的热带风情。

图7-11 典型的东南亚风格

1. 风格特点及整体预算

东南亚风格家居崇尚自然，木材、藤、竹、椰壳板等材质是装修的首选，不论是硬装还是软装都能够用到以上材料。除此之外，为了彰显雨林环境的斑斓，色彩艳丽的布艺也是不可缺少的，可以将预算重点放在这两部分上，装修整体造价通常为25万~85万元。

2. 适用的硬装材料

木质材料是东南亚风格家居中硬装方面不可缺少的一部分，经常用壁纸、颗粒感的涂料、天然感的粗糙石材、椰壳板等与其组合搭配。地面用木地板和仿古地砖来强调风格中淳朴、天然的一面。总的来说，东南亚家居中硬装方面常用自然类的或具有质朴感的材料。

3. 适用的软装材料

典型软装可以分为两个大类，一类是家具，色彩以深重色系的木本色为主，材料有纯实木、实木框架、实木与藤等编织材料组合三种形式；另一类是布艺，特别是靠枕等小布艺，色彩多为艳丽的彩色，与实木家具搭配来冲破木质的沉闷感，材料以在不同光线下具有变换感的泰丝为主。

7.11.1 东南亚风格典型硬装材料预算

硬装材料		材料说明	市场价格
颗粒感硅藻泥		比起较光滑的乳胶漆来说，具有颗粒感的硅藻泥更适合东南亚风格的家居。硅藻泥本身的凹凸纹理所带来的古朴质感与东南亚风格恰好相符，如果选择米色还可为空间增添温馨的感觉，柔化深色实木造型带来的压抑感	适用于东南亚风格的硅藻泥市价约为 87~165 元/m²
深色木质材料		深色的木质材料包括实木和饰面板，通常用在顶面、墙面、隔断和门上，最具特点的是顶部的运用，利用较高的层高，在吊顶中按一定规律排列木质材料，搭配白色乳胶漆、棉麻质感的布艺或编织壁纸，使吊顶看起来极具东南亚地域的自然气息	适用于东南亚风格的木质板材市价约为 185~340 元/m²
粗糙质感石材		在东南亚风格的家居中，大理石也常会用到，但比例较少，更多的是使用一些未经抛光的保留了表面粗糙感的石材，用雕刻的形式来呈现，例如洞石	适用于东南亚风格的洞石市价约为 260~480 元/m²
仿亚麻壁纸		仿亚麻壁纸可改变混凝土墙面的冰冷感，使人仿佛置身在热带的天然木结构房屋中。仿亚麻壁纸表面有着凹凸的纹理质感，触感舒适	适用于东南亚风格的壁纸市价约为 120~195 元/m²
实木雕花格		东南亚风格的雕花格通常采用实木，并保留深棕色的颜色和纹理；雕花图案则多具有异域风情，与中式风格的雕花纹理完全不同，东南亚风格会更多地设计圆润的雕花	适用于东南亚风格的实木雕花格市价约为 530~1240 元/m²

7.11.2 东南亚风格典型软装材料预算

软装材料		材料说明	市场价格
泰式木雕沙发		柚木是制成木雕沙发最为合适的上佳原料，也是最符合东南亚风格特点的木材。雕花通常是存在于沙发腿部立板和靠背板处，整体具有一种低调的奢华，典雅古朴，极具异域风情	适用于东南亚风格的沙发市价约为6 370~23 000元/套
藤艺家具		藤艺家具通常是采用两种以上材料混合编织而成的，如藤条与木片、藤条与竹条等经手工操作，材料之间的宽、窄、深、浅，形成有趣的对比，独具东南亚特色	适用于东南亚风格的藤艺家具市价约为2 350~6 700元/套
天然色调棉麻窗帘		窗帘一般以自然色调为主，包括素色的淡米色和完全饱和的酒红、墨绿、土褐色等等。造型多反映民族信仰，棉麻等自然材质为主的窗帘款式往往显得粗犷自然，还具有舒适的手感和良好的透气性	适用于东南亚风格的窗帘市价约为66~170元/m
泰丝抱枕		泰丝质地轻柔，色彩绚丽，富有特别的光泽，在不同角度下会变换色彩，图案也非常多样，极具特色，是色彩厚重的天然材料家具的最佳搭档	适用于东南亚风格的抱枕市价约为80~460元/个
泰式木雕		东南亚风格木雕的木材和原材料包括柚木、红木、桫椤木和藤条。大象木雕、雕像和木雕餐具都是很受欢迎的室内装饰品，摆放在空间内可增添东南亚风格的文化内涵	适用于东南亚风格的泰式木雕市价约为750~1 640元/个

第八章

常见户型的
装修价格

　　户型是住宅格局、形状和大小的统称。以三居室户型为例，住宅格局一般为三间卧室、两个开厅、两个卫生间、一个厨房和两个阳台，形状多为长方形，面积大小约为 100m² ~ 145m²。户型确定后，也就能预估出三居室户型的装修预算区间。同理，可以根据户型特点，依次预估出公寓户型、二居室户型、四居室户型、复式户型、跃层户型、错层户型和别墅户型的装修预算区间。

　　实际上，通过户型预估装修预算的过程，就是在通过户型明确室内空间的数量、大小，这里的空间是指带有独立性质的客厅、餐厅、卧室、卫生间、厨房和阳台。将一个完整的户型划分为多个固定的空间，也就能根据空间预估出装修总预算。以客厅为例，无论其面积大小，必要的预算项目一定离不开吊顶造型、电视墙造型、沙发墙造型、地面瓷砖等，将这些项目的预算累计相加，即可得出空间的总预算，再将空间的预算相加，即可得出户型的总预算。

　　常见户型的装修价格，可为业主提供一个可复制的预估住宅装修总预算的方法，但并不代表这就是装修预算的标准。毕竟，当业主选择更高档的材料，更多的造型设计时，装修预算费用也会相应地增加。

8.1 公寓、一居室户型装修价格

公寓和一居室户型无论在面积上，还是格局上都具有相似性，如有独立的卫生间，敞开式的厨房，客卧一体空间或单独的客厅和卧室。公寓户型面积通常在 35~60m² 之间，公共区域地面多用木地板，卫生间和厨房多采用地砖，墙面涂刷乳胶漆或壁纸，电视背景墙设计简洁的造型。由于公寓户型的层高普遍不高，因此顶面只采用少面积的吊顶，以减少层高带来的压抑感（图 8-1）。

扫二维码，获取公寓、一居室户型图预算表

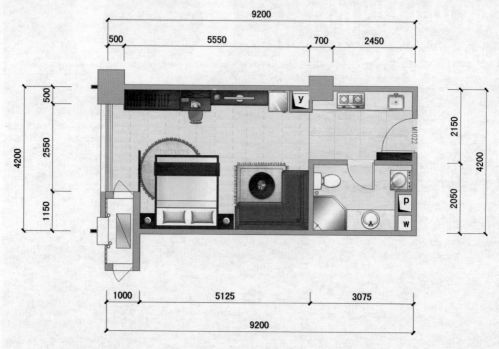

图 8-1　典型的公寓户型图

8.1.1　客卧一体空间装修价格

客卧一体空间是指公寓户型中，除去卫生间和厨房之外的所有空间。此空间兼具卧室、客厅和餐厅等多种功能，面积在 25~40m² 之间。具体装修价格预算表如下所示：

编号	施工项目名称	主材及辅材	单位	工程量	单价（元）	合计（元）	备注说明
1	顶面吊顶（平面、凹凸、拱形）	家装专用 50 轻钢龙骨、品牌石膏板、局部木龙骨	m²	15	140	2 100	共享空间吊顶超出 3m，高空作业费加 45 元 /m²
2	窗帘盒安制	细木工板基层、石膏板、工具、人工	m	4	50	200	—
3	地面水泥沙浆垫高找平	P.032.5 等级水泥、黄砂、人工、5cm 以内	m²	25	27	675	每增高 1cm，加材料费及人工费 4 元 /m²
4	木地板及铺装	实木复合地板、面层铺设（含卡件、螺丝钉）	m²	25	268	6 700	主材单价按客户选定的品牌、型号定价
5	配套踢脚线	木地板配套踢脚线（配套安装）	m	22	29	638	根据具体木材品种定价
6	墙顶面乳胶漆	环保乳胶漆、现配环保腻子、三批三度、专用底涂	m²	88	40	3 520	批涂加 3 元 /m²、彩涂加 5 元 /m²、喷涂加 3 元 /m²
7	电视墙面造型	细木工板基层、石膏板、工具、人工	项	1	2 350	2 350	造型墙不含石材、金属、玻璃等材料
8	衣帽柜	定制柜体，实木颗粒板、推拉门、五金配件	m²	7.8	750	5 850	由客户选定品牌及样式
9	鞋柜	定制柜体，实木颗粒板、五金配件	m²	1.2	550	660	由客户选定品牌及样式
10	双人床	成品家具，尺寸 1 800mm×2 000mm，床头柜	张	1	1 850	1 850	由客户选定品牌及样式
11	沙发	成品家具，双人座沙发，茶几	套	1	2 400	2 400	由客户选定品牌及样式
12	餐桌	成品家具，双人座餐桌，餐椅	套	1	1 680	1 680	由客户选定品牌及样式
13	电视柜	成品家具，电视柜	个	1	850	850	由客户选定品牌及样式
14	装修费用					29 473	—

※ 注：此预算表中所有单价均为一时一地之价格，可供参考使用，但不是唯一标准。

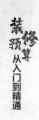

8.1.2　厨房装修价格

公寓户型的厨房通常为敞开式的，整体呈狭长的形状，橱柜较短，空间面积在 6m^2~10m^2 之间。具体装修价格预算表如下所示：

编号	施工项目名称	主材及辅材	单位	工程量	单价（元）	合计（元）	备注说明
1	顶面集成板及安装	300mm×300mm 腹模扣板（配灯具、暖风另计）、轻钢龙骨、人工、辅料（配套安装）	m^2	6	103	618	主材单价根据客户选定的型号定价
2	顶角卡口线条及安装	收边线（白色 / 银色）	m	10	28	280	主材单价根据客户选定的型号定价
3	地面水泥沙浆垫高找平	P.032.5 等级水泥、黄砂、人工、5cm 以内	m^2	6	27	162	每增高 1cm，加材料费及人工费 4 元 /m^2
4	地面砖及铺贴	300mm×300mm 地面砖（按选定的品牌、型号定价）、P.032.5 等级水泥、黄砂、人工	m^2	6	178	1 068	斜贴、套色人工费另加 20 元 /m^2；小砖另计
5	墙面砖及铺贴	300mm×450mm 墙面砖（按选定的品牌、型号定价）、P.032.5 等级水泥、黄砂、人工	m^2	25	136	3 400	斜贴、套色人工费另加 20 元 /m^2；小砖另计
6	橱柜	定制整体橱柜（含吊柜、地柜、石材台面）	延米	3	1 680	5 040	由客户选定品牌及样式
7	厨房不锈钢水槽及水龙头安装	普通型、防霉硅胶、人工（不含主材）	—	1	80	80	—
8	装修费用					10 648	—

※ 注：此预算表中所有单价均为一时一地之价格，可供参考使用，但不是唯一标准。

8.1.3　卫生间装修价格

公寓户型的卫生间为独立式的，空间通常较为方正，面积在 6~12m^2 之间。具体装修价格预算表如下所示：

编号	施工项目名称	主材及辅材	单位	工程量	单价（元）	合计（元）	备注说明
1	顶面集成板及安装	300mm×300mm 腹模扣板（配灯具，暖风另计）、轻钢龙骨、人工、辅料（配套安装）	m²	6	103	618	主材单价根据客户选定的型号定价
2	顶角卡口线条及安装	收边线（白色/银色）	m	10	28	280	主材单价根据客户选定的型号定价
3	地面水泥沙浆垫高找平	P.032.5 等级水泥、黄砂、人工、5cm 以内	m²	6	27	162	每增高 1cm，加材料费及人工费 4 元/m²
4	地面砖及铺贴	300mm×300mm 地面砖（按选定的品牌、型号定价）、P.032.5 等级水泥、黄砂、人工	m²	6	178	1 068	斜贴、套色人工费另加 20 元/m²；小砖另计
5	墙面砖及铺贴	300mm×450mm 墙面砖（按选定的品牌、型号定价）、P.032.5 等级水泥、黄砂、人工	m²	25	136	3 400	斜贴、套色人工费另加 20 元/m²；小砖另计
6	地面防水	防水浆料、防水高度沿墙面上翻 30cm（含淋浴房后面）	m²	11	60	660	涂刷浴缸、淋浴房墙面不得低于 1.8m 高
7	洗面盆及浴室柜	成品家具，洗面盆、浴室柜	套	1	960	960	由客户选定品牌及样式
8	坐便器	成品家具，虹吸式坐便器	个	1	1 240	1 240	由客户选定品牌及样式
9	淋浴房	成品家具，淋浴屏样式	项	1	580	580	由客户选定品牌及样式
10	套装门	实木复合门（含门套、门五金）	樘	1	1 650	1 650	由客户选定品牌及样式
11	装修费用					10 618	—

※ 注：此预算表中所有单价均为一时一地之价格，可供参考使用，但不是唯一标准。

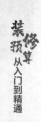

8.1.4 公寓户型装修总价格

公寓户型的装修总价格由前面各空间的装修费用和水电隐蔽工程费用组成。具体装修总价格预算表如下所示：

编号	施工项目名称	主材及辅材	单位	工程量	单价（元）	合计（元）	备注说明
1	客卧一体空间	—	项	1	29 473	29 473	—
2	厨房		项	1	10 648	10 648	
3	卫生间		项	1	10 618	10 618	
4	水电隐蔽工程	水管、电线、配件、工具、人工	m²	38	95	3 610	水电初步估价：局部改造约 95 元 /m²，全部重做约 115 元 /m²
5	装修总费用					54 349	—

※ 注：此预算表中所有单价均为一时一地之价格，可供参考使用，但不是唯一标准。

8.2 两居室、三居室、四居室户型装修价格

两居室、三居室（图 8-2）和四居室是住宅装修中的主力户型，其中以三居室户型最具代表性。之所以说三居室户型具有代表性，是因为其减少一间卧室和一个卫生间就是两居室户型的装修价格，增加一间卧室就是四居室户型的装修价格。一套三居室住宅通常包括一个客厅、一个餐厅、三间卧室、两个卫生间、一个厨房和两个阳台（或一个朝南向阳台）。若按照装修预算项目划分，则可分为客餐厅空间、卧室空间、卫生间空间、厨房空间和阳台空间五部分。三居室户型面积通常在 115~145m² 之间，客餐厅和主卧室的面积较大，其余空间的面积和两居室内的空间面积基本一致。

扫二维码，获取两居室、三居室、四居室户型图预算表

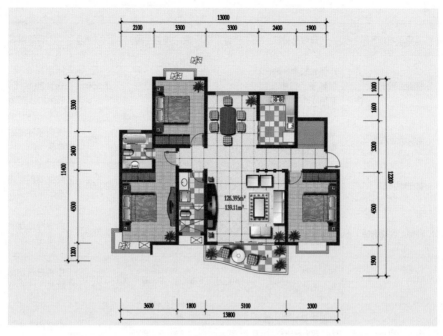

图 8-2　典型的三居室户型图

8.2.1　客餐厅装修价格

三居室户型中客餐厅的面积在 55~64m² 之间，其中包含了过道的面积，因为过道的装修内容和客餐厅是一体的，全部属于公共空间。具体装修价格预算表如下所示：

编号	施工项目名称	主材及辅材	单位	工程量	单价（元）	合计（元）	备注说明
1	顶面吊顶（平面、凹凸、拱形）	家装专用 50 轻钢龙骨、品牌石膏板、局部木龙骨	m²	60	140	8 400	共享空间吊顶超出 3m，高空作业费加 45 元 /m²
2	窗帘盒安制	细木工板基层、石膏板、工具、人工	m	5	50	250	—
3	地面水泥沙浆垫高找平	P.032.5 等级水泥、黄砂、人工、5cm 以内	m²	55	27	1 485	每增高 1cm，加材料费及人工费 4 元 /m²
4	地面抛光砖及铺设	800mm×800mm 抛光砖（按品牌、型号定价）、P.032.5 等级水泥、黄砂、人工	m²	55	198	10 890	主材单价按客户选定的品牌、型号定价
5	抛光地砖踢脚线及铺设	抛光砖、P.032.5 等级水泥、黄砂、人工	m	49	45	2 205	主材单价按客户选定的品牌、型号定价

编号	施工项目名称	主材及辅材	单位	工程量	单价（元）	合计（元）	备注说明
6	墙顶面乳胶漆	环保乳胶漆、现配环保腻子、三批三度、专用底涂	m²	179	40	7 160	批涂加 3 元 /m²、彩涂加 5 元 /m²、喷涂加 3 元 /m²
7	电视墙面造型	细木工板基层、石膏板、工具、人工	项	1	5 300	5 300	造型墙样式由客户选定
8	餐厅墙造型	细木工板基层、石膏板、工具、人工	项	1	2 860	2 860	造型墙样式由客户选定
9	鞋柜（含挂衣柜）	定制柜体，实木颗粒板、五金配件	m²	4.1	550	2 255	由客户选定品牌及样式
10	酒柜	定制柜体，实木颗粒板、五金配件	m²	3.6	850	3 060	由客户选定品牌及样式
11	组合沙发	成品家具，三人座沙发加双人座沙发，加单人座沙发、茶几、角几	套	1	7 280	7 280	由客户选定品牌及样式
12	餐桌椅	成品家具，六人座餐桌、餐椅	套	1	4 630	4 630	由客户选定品牌及样式
13	电视柜	成品家具，电视柜	个	1	1 160	1 160	由客户选定品牌及样式
14	装修费用					56 935	—

※ 注：此预算表中所有单价均为一时一地之价格，可供参考使用，但不是唯一标准。

8.2.2　卧室装修价格

三居室户型中卧室的面积在 16~28m² 之间，以主卧室的面积最大，儿童房和客卧的面积次之。此处列举一间卧室的装修费用供读者参考，具体装修价格预算表如下所示：

编号	施工项目名称	主材及辅材	单位	工程量	单价（元）	合计（元）	备注说明
1	顶面吊顶（平面、凹凸、拱形）	家装专用 50 轻钢龙骨、品牌石膏板、局部木龙骨	m²	13.5	140	1 890	共享空间吊顶超出 3m，高空作业费加 45 元 /m²
2	窗帘盒安制	细木工板基层、石膏板、工具、人工	m	3.6	50	180	—

编号	施工项目名称	主材及辅材	单位	工程量	单价（元）	合计（元）	备注说明
3	地面水泥沙浆垫高找平	P.O32.5 等级水泥、黄砂、人工、5cm 以内	m²	21	27	567	每增高 1cm，加材料费及人工费 4 元 /m²
4	木地板及铺装	实木复合地板、面层铺设（含卡件、螺丝钉）	m²	21	268	5 628	主材单价按客户选定的品牌、型号定价
5	配套踢脚线	木地板配套踢脚线（配套安装）	m	10	29	290	根据具体木材品种定价
6	墙顶面乳胶漆	环保乳胶漆、现配环保腻子、三批三度、专用底涂	m²	48	40	1 920	批涂加 3 元 /m²、彩涂加 5 元 /m²、喷涂加 3 元 /m²
7	床头墙面造型	细木工板基层、石膏板、工具、人工	项	1	1 890	1 890	造型墙不含石材、金属、玻璃等材料
8	衣帽柜	定制柜体，实木颗粒板、推拉门、五金配件	m²	5.6	750	4 200	由客户选定品牌及样式
9	飘窗石材	天然大理石、P.O32.5 等级水泥、黄砂、人工	m²	1.6	370	592	默认为天然大理石，也可选用人造大理石
10	套装门	实木复合门（含门套、门五金）	樘	1	2 250	2 250	由客户选定品牌及样式
11	双人床	成品家具，尺寸 1800mm×2000mm，床头柜	张	1	2 700	2 700	由客户选定品牌及样式
12		装修费用				22 107	—

※ 注：此预算表中所有单价均为一时一地之价格，可供参考使用，但不是唯一标准。

8.2.3 厨房装修价格

三居室户型中厨房面积在 8~15m² 之间，一般面积较小的厨房多为长方形，面积较大的厨房多为正方形。具体装修价格预算表如下所示：

编号	施工项目名称	主材及辅材	单位	工程量	单价（元）	合计（元）	备注说明
1	顶面集成板及安装	300mm×300mm 腹模扣板（配灯具，暖风另计）、轻钢龙骨、人工、辅料（配套安装）	m²	10	103	1 030	主材单价根据客户选定的型号定价
2	顶角卡口线条及安装	收边线（白色/银色）	m	15	28	420	主材单价根据客户选定的型号定价
3	地面水泥沙浆垫高找平	P.032.5 等级水泥、黄砂、人工、5cm 以内	m²	10	27	270	每增高 1cm，加材料费及人工费 4 元/m²
4	地面砖及铺贴	300mm×300mm 地面砖（按选定的品牌、型号定价）、P.032.5 等级水泥、黄砂、人工	m²	10	178	1 780	斜贴、套色人工费另加 20 元/m²；小砖另计
5	墙面砖及铺贴	300mm×450mm 墙面砖（按选定的品牌、型号定价）、P.032.5 等级水泥、黄砂、人工	m²	38	136	5 168	斜贴、套色人工费另加 20 元/m²；小砖另计
6	橱柜	定制整体橱柜（含吊柜、地柜、石材台面）	延米	4.3	1 680	7 224	由客户选定品牌及样式
7	厨房不锈钢水槽及水龙头安装	普通型、防霉硅胶、人工（不含主材）	套	1	80	80	—
8	推拉门	玻璃推拉门、不锈钢边框	m²	4.3	470	2 021	由客户选定品牌及样式
9		装修费用				17 993	—

※ 注：此预算表中所有单价均为一时一地之价格，可供参考使用，但不是唯一标准。

8.2.4 卫生间装修价格

三居室户型中卫生间面积一般在 6~10m² 之间，其中主卧卫生间面积相较于客卫生间要小一些。此处列举一个卫生间的装修费用供业主参考，具体装修价格预算表如下所示：

编号	施工项目名称	主材及辅材	单位	工程量	单价（元）	合计（元）	备注说明
1	顶面集成板及安装	300mm×300mm 腹模扣板（配灯具，暖风另计）、轻钢龙骨、人工、辅料（配套安装）	m²	8	103	824	主材单价根据客户选定的型号定价

编号	施工项目名称	主材及辅材	单位	工程量	单价（元）	合计（元）	备注说明
2	顶角卡口线条及安装	收边线（白色/银色）	m	13	28	364	主材单价根据客户选定的型号定价
3	地面水泥沙浆垫高找平	P.O32.5等级水泥、黄砂、人工、5cm以内	m²	8	27	216	每增高1cm，加材料费及人工费4元/m²
4	地面砖及铺贴	300mm×300mm地面砖（按选定的品牌、型号定价）、P.O32.5等级水泥、黄砂、人工	m²	8	178	1 424	斜贴、套色人工费另加20元/m²；小砖另计
5	墙面砖及铺贴	300mm×450mm墙面砖（按选定的品牌、型号定价）、P.O32.5等级水泥、黄砂、人工	m²	34	136	4 624	斜贴、套色人工费另加20元/m²；小砖另计
6	地面防水	防水浆料、防水高度沿墙面上翻30cm（含淋浴房后面）	m²	13.5	60	810	涂刷浴缸、淋浴房墙面不得低于1.8m高
7	洗面盆及浴室柜	成品家具，洗面盆、浴室柜	套	1	960	960	由客户选定品牌及样式
8	坐便器	成品家具，虹吸式坐便器	个	1	1 240	1 240	由客户选定品牌及样式
9	淋浴房	成品家具，淋浴屏样式	项	1	890	890	由客户选定品牌及样式
10	套装门	实木复合门（含门套、门五金）	樘	1	1 650	1 650	由客户选定品牌及样式
11		装修费用				13 002	—

※ 注：此预算表中所有单价均为一时一地之价格，可供参考使用，但不是唯一标准。

8.2.5　阳台装修价格

　　三居室中单个阳台的面积在 5~8m² 之间。通常为两处阳台，分别是紧邻客厅的景观阳台和紧邻厨房的生活阳台。此处列举一个阳台的装修费用以供参考，具体装修价格预算表如下所示：

编号	施工项目名称	主材及辅材	单位	工程量	单价（元）	合计（元）	备注说明
1	顶面集成板及安装	300mm×300mm 腹模扣板（配灯具，暖风另计）、轻钢龙骨、人工、辅料（配套安装）	m²	5	103	515	主材单价根据客户选定的型号定价
2	顶角卡口线条及安装	收边线（白色/银色）	m	11	28	308	主材单价根据客户选定的型号定价
3	地面水泥沙浆垫高找平	P.032.5 等级水泥、黄砂、人工、5cm 以内	m²	5	27	135	每增高 1cm，加材料费及人工费 4 元 /m²
4	地面砖及铺贴	300mm×300mm 地面砖（按选定的品牌、型号定价）、P.032.5 等级水泥、黄砂、人工	m²	5	138	690	斜贴、套色人工费另加 20 元 /m²；小砖另计
5	地砖踢脚线及铺设	抛光砖、P.032.5 等级水泥、黄砂、人工	m	11	45	495	主材单价按客户选定的品牌、型号定价
6	墙面乳胶漆	环保乳胶漆、现配环保腻子、三批三度、专用底涂	m²	25	40	1 000	批涂加 3 元 /m²、彩涂加 5 元 /m²、喷涂加 3 元 /m²
7	地面防水	防水浆料、防水高度沿墙面上翻 30cm（含淋浴房后面）	m²	8	60	480	涂刷浴缸、淋浴房墙面不得低于 1.8m 高
8	推拉门	玻璃推拉门、不锈钢边框	m²	7.5	470	3 525	由客户选定品牌样式
9	装修费用					7 148	—

※ 注：此预算表中所有单价均为一时一地之价格，可供参考使用，但不是唯一标准。

8.2.6　三居室户型装修总价格

三居室户型的装修总价格由前面各空间的装修费用和水电隐蔽工程费用组成。具体装修总价格预算表如下所示：

编号	施工项目名称	主材及辅材	单位	工程量	单价（元）	合计（元）	备注说明
1	客餐厅	—	项	1	56 935	56 935	—
2	卧室	—	项	3	22 107	66 321	—
3	厨房	—	项	1	17 993	17 993	—
4	卫生间	—	项	2	13 002	26 004	—
5	阳台	—	项	2	7 148	14 296	—

编号	施工项目名称	主材及辅材	单位	工程量	单价（元）	合计（元）	备注说明
6	水电隐蔽工程	水管、电线、配件、工具、人工	m²	135	95	12 825	水电初步估价：局部改造约 95 元 /m²，全部重做约 115 元 /m²
7		装修总费用				194 374	—

※ 注：此预算表中所有单价均为一时一地之价格，可供参考使用，但不是唯一标准。

8.3　复式、跃层户型装修价格

复式和跃层（图 8-3）均为双层式住宅，楼上和楼下两层空间由室内楼梯连接，户型内具备客厅、餐厅、卧室、厨房、卫生间、阳台和楼梯间等功能空间。虽然复式和跃层在诸多方面相似，但其实复式是从跃层发展而来的一种经济型住宅，复式户型在面积上较跃层小，层高较跃层低。一套跃层户型面积通常在 145~280m² 之间，至少有四间卧室、一个客餐厅、一个厨房、两个卫生间、两个阳台、一个入户门厅和一间敞开式书房。下面主要介绍一下跃层户型的装修预算费用。

扫二维码，获取复式、跃层户型图设计方案及预算表

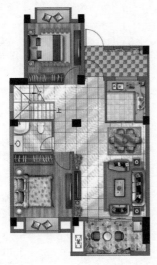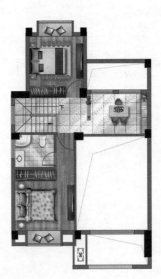

图 8-3　典型的跃层户型图

8.3.1 一层客餐厅及过道装修价格

跃层户型中一层客餐厅及过道的面积在 50~66m² 之间，客厅部分通常设计为挑空式结构，因此层高比传统的三居室客厅高出约两倍。具体装修价格预算表如下所示：

编号	施工项目名称	主材及辅材	单位	工程量	单价（元）	合计（元）	备注说明
1	顶面吊顶（平面、凹凸、拱形）	家装专用 50 轻钢龙骨、品牌石膏板、局部木龙骨	m²	73	140	10 220	共享空间吊顶超出 3m，高空作业费加 45 元 /m²
2	窗帘盒安制	细木工板基层、石膏板、工具、人工	m	5.5	50	275	—
3	地面水泥沙浆垫高找平	P.032.5 等级水泥、黄砂、人工、5cm 以内	m²	60	27	1 620	每增高 1cm,加材料费及人工费 4 元 /m²
4	地面抛光地砖及铺设	800mm×800mm 抛光砖（按品牌、型号定价）、P.032.5 等级水泥、黄砂、人工	m²	60	198	11 880	主材单价按客户选定的品牌、型号定价
5	抛光地砖踢脚线及铺设	抛光砖、P.032.5 等级水泥、黄砂、人工	m	55	45	2 475	主材单价按客户选定的品牌、型号定价
6	墙顶面乳胶漆（含挑空层）	环保乳胶漆、现配环保腻子、三批三度、专用底涂	m²	258	40	10 320	批涂加 3 元 /m²、彩涂加 5 元 /m²、喷涂加 3 元 /m²
7	电视墙面造型	细木工板基层、石膏板、工具、人工	项	1	7 360	7 360	造型墙样式由客户选定
8	餐厅墙造型	细木工板基层、石膏板、工具、人工	项	1	3 100	3 100	造型墙样式由客户选定
9	鞋柜（含挂衣柜）	定制柜体、实木颗粒板、五金配件	m²	6.2	550	3 410	由客户选定品牌及样式
10	酒柜	定制柜体、实木颗粒板、五金配件	m²	3.8	850	3 230	由客户选定品牌及样式
11	组合沙发	成品家具，三人座沙发加双人座沙发加单人座沙发、茶几、角几	套	1	7 280	7 280	由客户选定品牌及样式
12	餐桌椅	成品家具，六人座餐桌、餐椅	套	1	4 630	4 630	由客户选定品牌及样式

编号	施工项目名称	主材及辅材	单位	工程量	单价（元）	合计（元）	备注说明
13	电视柜	成品家具，电视柜	个	1	1 160	1 160	由客户选定品牌及样式
14	装修费用					66 960	—

※ 注：此预算表中所有单价均为一时一地之价格，可供参考使用，但不是唯一标准。

8.3.2　一二层卧室装修价格

跃层户型中单间卧室的面积在 16~28m² 之间，通常分为楼下两间，楼上两间。楼上两间卧室分别是主卧室和儿童房，楼下两间卧室分别是老人房和客房。此处列举一间卧室的装修费用供业主参考，具体装修价格预算表如下所示：

编号	施工项目名称	主材及辅材	单位	工程量	单价（元）	合计（元）	备注说明
1	顶面吊顶（平面、凹凸、拱形）	家装专用 50 轻钢龙骨、品牌石膏板、局部木龙骨	m²	14	140	1 960	共享空间吊顶超出 3m，高空作业费加 45 元/m²
2	窗帘盒安制	细木工板基层、石膏板、工具、人工	m	4.2	50	210	—
3	地面水泥沙浆垫高找平	P.032.5 等级水泥、黄砂、人工、5cm 以内	m²	23	27	621	每增高 1cm，加材料费及人工费 4 元/m²
4	木地板及铺装	实木复合地板、面层铺设（含卡件、螺丝钉）	m²	23	268	6 164	主材单价按客户选定的品牌、型号定价
5	配套踢脚线	木地板配套踢脚线（配套安装）	m	19	29	551	根据具体木材品种定价
6	墙顶面乳胶漆	环保乳胶漆、现配环保腻子、三批三度、专用底涂	m²	75	40	3 000	批涂加 3 元/m²、彩涂加 5 元/m²、喷涂加 3 元/m²
7	床头墙面造型	细木工板基层、石膏板、工具、人工	项	1	1 890	1 890	造型墙不含石材、金属、玻璃等材料

编号	施工项目名称	主材及辅材	单位	工程量	单价（元）	合计（元）	备注说明
8	衣帽柜	定制柜体，实木颗粒板、推拉门、五金配件	m²	5.6	750	4 200	由客户选定品牌及样式
9	飘窗石材	天然大理石、P.032.5 等级水泥、黄砂、人工	m²	1.6	370	592	默认为天然大理石，也可选用人造大理石
10	套装门	实木复合门（含门套、门五金）	樘	1	2 250	2 250	由客户选定品牌及样式
11	双人床	成品家具，尺寸1 800mm×2 000mm，床头柜	张	1	2 700	2 700	由客户选定品牌及样式
12	装修费用					24 138	—

※ 注：此预算表中所有单价均为一时一地之价格，可供参考使用，但不是唯一标准。

8.3.3　一层厨房装修价格

跃层户型中厨房面积在 9~16m² 之间，设计在楼下，紧邻餐厅及客厅，厨房形状通常较为方正，有充足的操作空间。其具体装修价格预算表如下所示：

编号	施工项目名称	主材及辅材	单位	工程量	单价（元）	合计（元）	备注说明
1	顶面集成板及安装	300mm×300mm 腹模扣板（配灯具、暖风另计）、轻钢龙骨、人工、辅料（配套安装）	m²	12	103	1 236	主材单价根据客户选定的型号定价
2	顶角卡口线条及安装	收边线（白色 / 银色）	m	16	28	448	主材单价根据客户选定的型号定价
3	地面水泥沙浆垫高找平	P.032.5 等级水泥、黄砂、人工、5cm 以内	m²	12	27	324	每增高1cm，加材料费及人工费4元 /m²
4	地面砖及铺贴	300mm×300mm 地面砖（按选定的品牌、型号定价）、P.032.5 等级水泥、黄砂、人工	m²	12	178	2 136	斜贴、套色人工费另加 20 元 /m²；小砖另计
5	墙面砖及铺贴	300mm×450mm 墙面砖（按选定的品牌、型号定价）、P.032.5 等级水泥、黄砂、人工	m²	40	136	5 440	斜贴、套色人工费另加 20 元 /m²；小砖另计

编号	施工项目名称	主材及辅材	单位	工程量	单价（元）	合计（元）	备注说明
6	橱柜	定制整体橱柜（含吊柜、地柜、石材台面）	延米	4.8	1 680	8 064	由客户选定品牌及样式
7	厨房不锈钢水槽及水龙头安装	普通型、防霉硅胶、人工（不含主材）	套	1	80	80	—
8	推拉门	玻璃推拉门、不锈钢边框	m²	4.5	470	2 115	由客户选定品牌及样式
8	装修费用					19 843	—

※ 注：此预算表中所有单价均为一时一地之价格，可供参考使用，但不是唯一标准。

8.3.4　一二层卫生间装修价格

跃层户型中单个卫生间的面积在 6~12m² 之间，分布方式为一层一个客卫生间，二层一个主卫生间。此处列举一个卫生间的装修费用以供参考，具体装修价格预算表如下所示：

编号	施工项目名称	主材及辅材	单位	工程量	单价（元）	合计（元）	备注说明
1	顶面集成板及安装	300mm×300mm 腹模扣板（配灯具，暖风另计）、轻钢龙骨、人工、辅料（配套安装）	m²	9	103	927	主材单价根据客户选定的型号定价
2	顶角卡口线条及安装	收边线（白色/银色）	m	14	28	392	主材单价根据客户选定的型号定价
3	地面水泥沙浆垫高找平	P.032.5 等级水泥、黄砂、人工、5cm 以内	m²	9	27	243	每增高 1cm，加材料费及人工费 4 元 /m²
4	地面砖及铺贴	300mm×300mm 地面砖（按选定的品牌、型号定价）、P.032.5 等级水泥、黄砂、人工	m²	9	178	1 602	斜贴、套色人工费另加 20 元 /m²；小砖另计
5	墙面砖及铺贴	300mm×450mm 墙面砖（按选定的品牌、型号定价）、P.032.5 等级水泥、黄砂、人工	m²	36	136	4 896	斜贴、套色人工费另加 20 元 /m²；小砖另计

编号	施工项目名称	主材及辅材	单位	工程量	单价（元）	合计（元）	备注说明
6	地面防水	防水浆料、防水高度沿墙面上翻30cm（含淋浴房后面）	m²	15	60	900	涂刷浴缸、淋浴房墙面不得低于1.8m高
7	洗面盆及浴室柜	成品家具，洗面盆、浴室柜	套	1	960	960	由客户选定品牌及样式
8	坐便器	成品家具，虹吸式坐便器	个	1	1 240	1 240	由客户选定品牌及样式
9	淋浴房	成品家具，淋浴屏样式	项	1	890	890	由客户选定品牌及样式
10	套装门	实木复合门（含门套、门五金）	樘	1	1 650	1 650	由客户选定品牌及样式
11	装修费用					13 700	—

※ 注：此预算表中所有单价均为一时一地之价格，可供参考使用，但不是唯一标准。

8.3.5　一二层阳台装修价格

跃层户型中单个阳台的面积在6~10m²之间，分布方式为一层紧邻客厅位置设置一个阳台，二层紧邻主卧位置设置一个阳台。此处列举一个阳台的装修费用以供参考，具体装修价格预算表如下所示：

编号	施工项目名称	主材及辅材	单位	工程量	单价（元）	合计（元）	备注说明
1	顶面集成板及安装	300mm×300mm 腹模扣板（配灯具，暖风另计）、轻钢龙骨、人工、辅料（配套安装）	m²	7	103	721	主材单价根据客户选定的型号定价
2	顶角卡口线条及安装	收边线（白色／银色）	m	15	28	420	主材单价根据客户选定的型号定价
3	地面水泥沙浆垫高找平	P.032.5 等级水泥、黄砂、人工、5cm 以内	m²	7	27	189	每增高 1cm，加材料费及人工费 4 元/m²
4	地面砖及铺贴	300mm×300mm 地面砖（按选定的品牌、型号定价）、P.032.5 等级水泥、黄砂、人工	m²	7	138	966	斜贴、套色人工费另加 20 元/m²；小砖另计

编号	施工项目名称	主材及辅材	单位	工程量	单价（元）	合计（元）	备注说明
5	地砖踢脚线及铺设	抛光砖、P.032.5 等级水泥、黄砂、人工	m	15	45	675	主材单价按客户选定的品牌、型号定价
6	墙面乳胶漆	环保乳胶漆、现配环保腻子、三批三度、专用底涂	m²	32	40	1 280	批涂加 3 元 /m²、彩涂加 5 元 /m²、喷涂加 3 元 /m²
7	地面防水	防水浆料、防水高度沿墙面上翻 30cm（含淋浴房后面）	m²	11.5	60	690	涂刷浴缸、淋浴房墙面不得低于 1.8m 高
8	推拉门	玻璃推拉门、不锈钢边框	m²	7.5	470	3 525	由客户选定品牌及样式
9	装修费用					8 466	—

※ 注：此预算表中所有单价均为一时一地之价格，可供参考使用，但不是唯一标准。

8.3.6　二层敞开式书房装修价格

跃层户型中二层书房通常为敞开式的，包含过道空间，面积在 8~14m² 之间。具体装修价格预算表如下所示：

编号	施工项目名称	主材及辅材	单位	工程量	单价（元）	合计（元）	备注说明
1	顶面吊顶（平面、凹凸、拱形）	家装专用 50 轻钢龙骨、品牌石膏板、局部木龙骨	m²	8	140	1 120	共享空间吊顶超出 3m，高空作业费加 45 元 /m²
2	窗帘盒安制	细木工板基层、石膏板、工具、人工	m	4.6	50	230	—
3	地面水泥沙浆垫高找平	P.032.5 等级水泥、黄砂、人工、5cm 以内	m²	10	27	270	每增高 1cm，加材料费及人工费 4 元 / m²
4	地面抛光地砖及铺设	800mm×800mm 抛光砖（按品牌、型号定价）、P.032.5 等级水泥、黄砂、人工	m²	10	198	1 980	主材单价按客户选定的品牌、型号定价
5	抛光地砖踢脚线及铺设	抛光砖、P.032.5 等级水泥、黄砂、人工	m	19	45	855	主材单价按客户选定的品牌、型号定价

编号	施工项目名称	主材及辅材	单位	工程量	单价（元）	合计（元）	备注说明
6	墙顶面乳胶漆（含挑空层）	环保乳胶漆、现配环保腻子、三批三度、专用底涂	m²	62	40	2 480	批涂加 3 元 /m²、彩涂加 5 元 /m²、喷涂加 3 元 /m²
7	书柜	定制柜体、实木颗粒板、五金配件	m²	8.9	830	7 387	由客户选定品牌及样式
8	装修费用					14 322	—

※ 注：此预算表中所有单价均为一时一地之价格，可供参考使用，但不是唯一标准。

8.3.7　楼梯间装修价格

跃层户型中楼梯间是连通上下层的过道，楼梯通常采用扶梯的样式，面积在 6~8m² 之间。具体装修价格预算表如下所示：

编号	施工项目名称	主材及辅材	单位	工程量	单价（元）	合计（元）	备注说明
1	顶面吊顶（平面、凹凸、拱形）	家装专用 50 轻钢龙骨、品牌石膏板、局部木龙骨	m²	5.5	140	770	共享空间吊顶超出 3m，高空作业费加 45 元 /m²
3	地面水泥沙浆垫高找平	P.032.5 等级水泥、黄砂、人工、5cm 以内	m²	6	27	162	每增高 1cm，加材料费及人工费 4 元 /m²
4	地面抛光地砖及铺设	800mm×800mm 抛光砖（按品牌、型号定价）、P.032.5 等级水泥、黄砂、人工	m²	6	198	1 188	主材单价按客户选定的品牌、型号定价
5	抛光地砖踢脚线及铺设	抛光砖、P.032.5 等级水泥、黄砂、人工	m	9	45	405	主材单价按客户选定的品牌、型号定价
6	墙顶面乳胶漆（含挑空层）	环保乳胶漆、现配环保腻子、三批三度、专用底涂	m²	55	40	2 200	批涂加 3 元 /m²、彩涂加 5 元 /m²、喷涂加 3 元 /m²
7	楼梯	定制木制楼梯、实木踏步	步	14	460	6 440	由客户选定品牌及样式
8	装修费用					11 165	—

※ 注：此预算表中所有单价均为一时一地之价格，可供参考使用，但不是唯一标准。

8.3.8 一层入户门厅装修价格

跃层户型通常拥有独立的入户门厅，面积在 4~8m^2 之间，装修预算项目与客餐厅相似。具体装修价格预算表如下所示：

编号	施工项目名称	主材及辅材	单位	工程量	单价（元）	合计（元）	备注说明
1	顶面吊顶（平面、凹凸、拱形）	家装专用 50 轻钢龙骨、品牌石膏板、局部木龙骨	m^2	4.5	140	630	共享空间吊顶超出 3m，高空作业费加 45 元 /m^2
2	地面水泥沙浆垫高找平	P.032.5 等级水泥、黄砂、人工、5cm 以内	m^2	5	27	135	每增高 1cm，加材料费及人工费 4 元 /m^2
3	地面抛光地砖及铺设	800mm×800mm 抛光砖（按品牌、型号定价）、P.032.5 等级水泥、黄砂、人工	m^2	5	198	990	主材单价按客户选定的品牌、型号定价
4	抛光地砖踢脚线及铺设	抛光砖、P.032.5 等级水泥、黄砂、人工	m	10	45	450	主材单价按客户选定的品牌、型号定价
5	墙顶面乳胶漆（含挑空层）	环保乳胶漆、现配环保腻子、三批三度、专用底涂	m^2	32	40	1 280	批涂加 3 元 /m^2、彩涂加 5 元 /m^2、喷涂加 3 元 /m^2
6	鞋柜	定制柜体，实木颗粒板、五金配件	m^2	6.3	550	3 465	由客户选定品牌及样式
7	装修费用					6 950	—

※ 注：此预算表中所有单价均为一时一地之价格，可供参考使用，但不是唯一标准。

8.3.9 跃层户型装修总价格

跃层户型的装修总价格由前面各空间的装修费用和水电隐蔽工程费用组成。具体装修总价格预算表如下所示：

编号	施工项目名称	主材及辅材	单位	工程量	单价（元）	合计（元）	备注说明
1	一层客餐厅	—	项	1	66 960	66 960	—
2	一、二层卧室	—	项	4	24 138	96 552	—

编号	施工项目名称	主材及辅材	单位	工程量	单价（元）	合计（元）	备注说明
3	一层厨房	—	项	1	19 843	19 843	—
4	一、二层卫生间	—	项	2	13 700	27 400	—
5	一、二层阳台	—	项	2	8 466	16 932	—
6	二层敞开式书房	—	项	1	14 322	14 322	—
7	楼梯间	—	项	1	11 165	11 165	—
8	一层入户门厅	—	项	1	6 950	6 950	—
9	水电隐蔽工程	水管、电线、配件、工具、人工	m²	155	95	14 725	水电初步估价：局部改造约95元/m²，全部重做约115元/m²
10	装修总费用					274 849	

※ 注：此预算表中所有单价均为一时一地之价格，可供参考使用，但不是唯一标准。

8.4 别墅户型装修价格

别墅户型（图8-4）多为三层到四层，每层的功能区和侧重点不同。其中，地下一层户型应具有独立的车库，一间娱乐室（兼具健身房功能），一间影音室，一间酒窖和一间保姆房；地上一层户型应具有客厅、餐厅、厨房、卫生间和阳台等功能空间；地上二层应具有卧室、书房、衣帽间、卫生间和阳台等功能空间。因此，别墅户型的预算应分层计算，然后再相加得出总的装修价格。一套别墅户型面积通常在300~540m²之间，面积较大，因此为了便于理解装修预算，可先分层，再划分空间，然后相加得出总的装修价格。

扫二维码，获取别墅户型图预算表

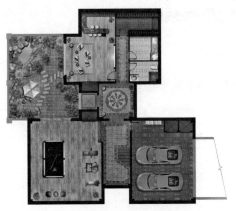

（a）地下一层

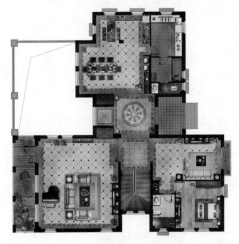

（b）地上一层

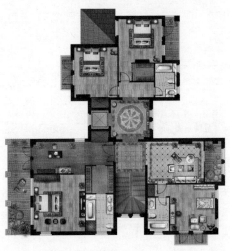

（c）地上二层

图 8-4 典型的别墅户型图

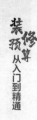

8.4.1　地下一层车库装修价格

别墅户型中车库面积在 48~60m² 之间，装修预算项目与其他空间有较大不同，通常不设吊顶，地面不使用瓷砖等等。具体装修价格预算表如下所示：

编号	施工项目名称	主材及辅材	单位	工程量	单价（元）	合计（元）	备注说明
1	地面打磨	打磨工具、人工	m²	50	18	900	增加地面的毛糙度，以便环氧地坪漆与地面很好地粘结
2	环氧树脂地坪	环氧树脂、固化剂、稀释剂、溶剂、分散剂、消泡剂	m²	50	55	2 750	主材单价按客户选定的品牌、型号定价
3	墙顶面乳胶漆（含挑空层）	环保乳胶漆、现配环保腻子、三批三度、专用底涂	m²	128	40	5 120	批涂加 3 元 /m²、彩涂加 5 元 /m²、喷涂加 3 元 /m²
4	套装门（进户）	实木复合门（含门套、门五金）	樘	1	1 850	1 850	由客户选定品牌及样式
5		装修费用				10 620	—

※ 注：此预算表中所有单价均为一时一地之价格，可供参考使用，但不是唯一标准。

8.4.2　地下一层娱乐室装修价格

别墅户型中娱乐室面积在 40~56m² 之间，里面兼具娱乐和健身房功能。具体装修价格预算表如下所示：

编号	施工项目名称	主材及辅材	单位	工程量	单价（元）	合计（元）	备注说明
1	顶面吊顶（平面、凹凸、拱形）	家装专用 50 轻钢龙骨、品牌石膏板、局部木龙骨	m²	38	140	5 320	共享空间吊顶超出 3m，高空作业费加 45 元 /m²
2	地面水泥沙浆垫高找平	P.032.5 等级水泥、黄砂、人工、5cm 以内	m²	40	27	1 080	每增高 1cm，加材料费及人工费 4 元 /m²
3	木地板及铺装	实木复合地板、面层铺设（含卡件、螺丝钉）	m²	40	268	10 720	主材单价按客户选定的品牌、型号定价

编号	施工项目名称	主材及辅材	单位	工程量	单价（元）	合计（元）	备注说明
4	配套踢脚线	木地板配套踢脚线（配套安装）	m	28	29	812	根据具体木材品种定价
5	墙顶面乳胶漆	环保乳胶漆、现配环保腻子、三批三度、专用底涂	m²	116	40	4 640	批涂加 3 元 /m²、彩涂加 5 元 /m²、喷涂加 3 元 /m²
6	套装门	实木复合门（含门套、门五金）	樘	1	2 250	2 250	由客户选定品牌及样式
7	装修费用					24 822	—

※ 注：此预算表中所有单价均为一时一地之价格，可供参考使用，但不是唯一标准。

8.4.3 地下一层影音室装修价格

别墅户型中影音室面积在 32~48m² 之间，需要具备隔音功能。具体装修价格预算表如下所示：

编号	施工项目名称	主材及辅材	单位	工程量	单价（元）	合计（元）	备注说明
1	顶面吊顶（平面、凹凸、拱形）	家装专用 50 轻钢龙骨、品牌石膏板、局部木龙骨	m²	30	140	4 200	共享空间吊顶超出 3m，高空作业费加 45 元 /m²
2	地面水泥沙浆垫高找平	P.032.5 等级水泥、黄砂、人工、5cm 以内	m²	32	27	864	每增高 1cm，加材料费及人工费 4 元 /m²
3	木地板及铺装	实木复合地板、面层铺设（含卡件、螺丝钉）	m²	32	268	8 576	主材单价按客户选定的品牌、型号定价
4	配套踢脚线	木地板配套踢脚线（配套安装）	m	24	29	696	根据具体木材品种定价
5	顶面乳胶漆	环保乳胶漆、现配环保腻子、三批三度、专用底涂	m²	32	40	1 280	批涂加 3 元 /m²、彩涂加 5 元 /m²、喷涂加 3 元 /m²
6	墙面软包	基层板、皮革、海绵、木压条、人工	m²	63	360	22 680	软包内材料也可选用海绵橡胶板、聚氟乙烯泡沫板等

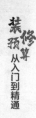

编号	施工项目名称	主材及辅材	单位	工程量	单价（元）	合计（元）	备注说明
7	套装门	实木复合门（含门套、门五金）	樘	1	2 250	2 250	由客户选定品牌及样式
8	装修费用					40 546	—

※ 注：此预算表中所有单价均为一时一地之价格，可供参考使用，但不是唯一标准。

8.4.4　地下一层酒窖装修价格

别墅中酒窖面积在 8~12m² 之间，里面用于藏酒，有大面积的酒柜。具体装修价格预算表如下所示：

编号	施工项目名称	主材及辅材	单位	工程量	单价（元）	合计（元）	备注说明
1	地面水泥沙浆垫高找平	P.032.5 等级水泥、黄砂、人工、5cm 以内	m²	8	27	216	每增高 1cm，加材料费及人工费 4 元 /m²
2	木地板及铺装	实木复合地板、面层铺设（含卡件、螺丝钉）	m²	8	268	2 144	主材单价按客户选定的品牌、型号定价
3	配套踢脚线	木地板配套踢脚线（配套安装）	m	12	29	348	根据具体木材品种定价
4	墙顶面乳胶漆	环保乳胶漆、现配环保腻子、三批三度、专用底涂	m²	41	40	1 640	批涂加 3 元 /m²、彩涂加 5 元 /m²、喷涂加 3 元 /m²
5	酒柜	定制柜体，实木颗粒板、五金配件	m²	29	850	24 650	由客户选定品牌及样式
6	套装门	实木复合门（含门套、门五金）	樘	1	2 250	2 250	由客户选定品牌及样式
7	装修费用					31 248	—

※ 注：此预算表中所有单价均为一时一地之价格，可供参考使用，但不是唯一标准。

8.4.5 地下一层保姆房装修价格

别墅中保姆房面积在 8~14m² 之间，里面的装修预算项目与卧室基本一致，但减少了吊顶等装饰项目。具体装修价格预算表如下所示：

编号	施工项目名称	主材及辅材	单位	工程量	单价（元）	合计（元）	备注说明
1	地面水泥沙浆垫高找平	P.032.5 等级水泥、黄砂、人工、5cm 以内	m²	9	27	243	每增高 1cm，加材料费及人工费 4 元 /m²
2	木地板及铺装	实木复合地板、面层铺设（含卡件、螺丝钉）	m²	9	268	2 412	主材单价按客户选定的品牌、型号定价
3	配套踢脚线	木地板配套踢脚线（配套安装）	m	12	29	348	根据具体木材品种定价
4	墙顶面乳胶漆	环保乳胶漆、现配环保腻子、三批三度、专用底涂	m²	42	40	1 680	批涂加 3 元 /m²、彩涂加 5 元 /m²、喷涂加 3 元 /m²
5	单人床	成品家具，尺寸1 500mm×2 000mm，床头柜	张	1	1 250	1 250	由客户选定品牌及样式
6	套装门	实木复合门（含门套、门五金）	樘	1	2 250	2 250	由客户选定品牌及样式
7	装修费用					8 183	—

※ 注：此预算表中所有单价均为一时一地之价格，可供参考使用，但不是唯一标准。

8.4.6 地上一层客餐厅装修价格

别墅中的客餐厅面积在 80~120m² 之间，其中客厅面积约占三分之二，餐厅面积约占三分之一。具体装修价格预算表如下所示：

编号	施工项目名称	主材及辅材	单位	工程量	单价（元）	合计（元）	备注说明
1	顶面吊顶（平面、凹凸、拱形）	家装专用 50 轻钢龙骨、品牌石膏板、局部木龙骨	m²	76	140	10 640	共享空间吊顶超出 3m，高空作业费加 45 元 /m²
2	窗帘盒安制	细木工板基层、石膏板、工具、人工	m	16	50	800	—

编号	施工项目名称	主材及辅材	单位	工程量	单价（元）	合计（元）	备注说明
3	地面水泥沙浆垫高找平	P.032.5 等级水泥、黄砂、人工、5cm 以内	m²	80	27	1 620	每增高 1cm，加材料费及人工费 4 元 /m²
4	地面抛光地砖及铺设	800mm×800mm 抛光砖（按品牌、型号定价）、P.032.5 等级水泥、黄砂、人工	m²	80	198	15 840	主材单价按客户选定的品牌、型号定价
5	抛光地砖踢脚线及铺设	抛光砖、P.032.5 等级水泥、黄砂、人工	m	42	45	1 890	主材单价按客户选定的品牌、型号定价
6	墙顶面乳胶漆（含挑空层）	环保乳胶漆、现配环保腻子、三批三度、专用底涂	m²	192	40	7 680	批涂加 3 元 /m²、彩涂加 5 元 /m²、喷涂加 3 元 /m²
7	电视墙面造型	细木工板基层、石膏板、工具、人工	项	1	9 580	9 580	造型墙样式由客户选定
8	餐厅墙造型	细木工板基层、石膏板、工具、人工	项	1	4 860	4 860	造型墙样式由客户选定
9	酒柜	定制柜体，实木颗粒板、五金配件	m²	6.8	850	5 780	由客户选定品牌及样式
10	组合沙发	成品家具，实木组合沙发、茶几、角几	套	1	23 400	23 400	由客户选定品牌及样式
11	餐桌椅	成品家具，实木餐桌、餐椅	套	1	8 900	8 900	由客户选定品牌及样式
12	电视柜	成品家具，电视柜	个	1	2 800	2 800	由客户选定品牌及样式
13	装修费用					93 790	—

※ 注：此预算表中所有单价均为一时一地之价格，可供参考使用，但不是唯一标准。

8.4.7　地上一层厨房装修价格

别墅户型中厨房面积在 26~38m² 之间，既有中式厨房功能，也有西式厨房功能。具体装修价格预算表如下所示：

编号	施工项目名称	主材及辅材	单位	工程量	单价（元）	合计（元）	备注说明
1	顶面集成板及安装	300mm×300mm 腹模扣板（配灯具，暖风另计）、轻钢龙骨、人工、辅料（配套安装）	m²	26	103	2 678	主材单价根据客户选定的型号定价
2	顶角卡口线条及安装	收边线（白色/银色）	m	22	28	616	主材单价根据客户选定的型号定价
3	地面水泥沙浆垫高找平	P.032.5 等级水泥、黄砂、人工、5cm 以内	m²	26	27	702	每增高 1cm，加材料费及人工费4元/m²
4	地面砖及铺贴	300mm×300mm 地面砖（按选定的品牌、型号定价）、P.032.5 等级水泥、黄砂、人工	m²	26	178	4 628	斜贴、套色人工费另加20元/m²；小砖另计
5	墙面砖及铺贴	300mm×450mm 墙面砖（按选定的品牌、型号定价）、P.032.5 等级水泥、黄砂、人工	m²	58	136	7 888	斜贴、套色人工费另加20元/m²；小砖另计
6	橱柜	定制整体橱柜（含吊柜、地柜、石材台面）	延米	10.5	1 680	17 640	由客户选定品牌及样式
7	厨房不锈钢水槽及水龙头安装	普通型、防霉硅胶、人工（不含主材）	套	1	80	80	
8	推拉门	玻璃推拉门、不锈钢边框	m²	9.6	470	4 512	由客户选定品牌及样式
9	装修费用					38 744	—

※ 注：此预算表中所有单价均为一时一地之价格，可供参考使用，但不是唯一标准。

8.4.8 地上一、二层卧室及书房装修价格

别墅户型中单间卧室的面积在 20~34m² 之间，卧室数量通常为五间，书房数量为一间。此处列举一间卧室的装修费用以供参考，具体装修价格预算表如下所示：

编号	施工项目名称	主材及辅材	单位	工程量	单价（元）	合计（元）	备注说明
1	顶面吊顶（平面、凹凸、拱形）	家装专用 50 轻钢龙骨、品牌石膏板、局部木龙骨	m²	24	140	3 360	共享空间吊顶超出3m，高空作业费加45元/m²
2	窗帘盒安制	细木工板基层、石膏板、工具、人工	m	6.3	50	315	—

编号	施工项目名称	主材及辅材	单位	工程量	单价（元）	合计（元）	备注说明
3	地面水泥沙浆垫高找平	P.032.5 等级水泥、黄砂、人工、5cm以内	m²	26	27	702	每增高 1cm，加材料费及人工费 4 元/m²
4	木地板及铺装	实木复合地板、面层铺设（含卡件、螺丝钉）	m²	26	268	6 968	主材单价按客户选定的品牌、型号定价
5	配套踢脚线	木地板配套踢脚线（配套安装）	m	23	29	667	根据具体木材品种定价
6	墙顶面乳胶漆	环保乳胶漆、现配环保腻子、三批三度、专用底涂	m²	88	40	3 520	批涂加 3 元/m²、彩涂加 5 元/m²、喷涂加 3 元/m²
7	床头墙面造型	细木工板基层、石膏板、工具、人工	项	1	3 470	3 470	造型墙不含石材、金属、玻璃等材料
8	衣帽柜	定制柜体，实木颗粒板、推拉门、五金配件	m²	13	750	9 750	由客户选定品牌及样式
9	双人床	成品家具，尺寸1 800mm×2 000mm，床头柜	张	1	4 500	4 500	由客户选定品牌及样式
10	套装门	实木复合门（含门套、门五金）	樘	1	2 250	2 250	由客户选定品牌及样式
11	装修费用					35 502	—

※ 注：此预算表中所有单价均为一时一地之价格，可供参考使用，但不是唯一标准。

8.4.9　地上一、二层阳台装修价格

别墅户型中单个阳台的面积在 7~11m² 之间，分布方式为地上一层紧邻客厅位置设置一个阳台，地上二层紧邻主卧位置设置一个阳台。此处列举一个阳台的装修费用以供参考，具体装修价格预算表如下所示：

编号	施工项目名称	主材及辅材	单位	工程量	单价（元）	合计（元）	备注说明
1	顶面集成板及安装	300×300 腹模扣板（配灯具，暖风另计）、轻钢龙骨、人工、辅料（配套安装）	m²	8	103	824	主材单价根据客户选定的型号定价
2	顶角卡口线条及安装	收边线（白色/银色）	m	13	28	362	主材单价根据客户选定的型号定价
3	地面水泥沙浆垫高找平	P.032.5 等级水泥、黄砂、人工、5cm 以内	m²	8	27	216	每增高 1cm，加材料费及人工费 4 元 /m²
4	地面砖及铺贴	300mm×300mm 地面砖（按选定的品牌、型号定价）、P.032.5 等级水泥、黄砂、人工	m²	8	138	1 104	斜贴、套色人工费另加 20 元 /m²；小砖另计
5	地砖踢脚线及铺设	抛光砖、P.032.5 等级水泥、黄砂、人工	m	13	45	585	主材单价按客户选定的品牌、型号定价
6	墙面乳胶漆	环保乳胶漆、现配环保腻子、三批三度、专用底涂	m²	43	40	1 720	批涂加 3 元 /m²、彩涂加 5 元 /m²、喷涂加 3 元 /m²
7	地面防水	防水浆料、防水高度沿墙面上翻 30cm（含淋浴房后面）	m²	12.5	60	750	涂刷浴缸、淋浴房墙面不得低于 1.8m 高
8	推拉门	玻璃推拉门、不锈钢边框	m²	4.8	470	2 256	由客户选定品牌及样式
9		装修费用				7 817	—

※ 注：此预算表中所有单价均为一时一地之价格，可供参考使用，但不是唯一标准。

8.4.10 三层卫生间装修价格

别墅户型中单个卫生间的面积在 8~14m² 之间，分布方式通常为地下一层一个卫生间，地上一层一个卫生间，地上二层两个卫生间。此处列举一个卫生间的装修费用以供参考，具体装修价格预算表如下所示：

编号	施工项目名称	主材及辅材	单位	工程量	单价（元）	合计（元）	备注说明
1	顶面集成板及安装	300mm×300mm 腹模扣板（配灯具，暖风另计）、轻钢龙骨、人工、辅料（配套安装）	m²	10	103	1 030	主材单价根据客户选定的型号定价
2	顶角卡口线条及安装	收边线（白色/银色）	m	20	28	560	主材单价根据客户选定的型号定价
3	地面水泥沙浆垫高找平	P.032.5 等级水泥、黄砂、人工、5cm 以内	m²	10	27	270	每增高 1cm，加材料费及人工费 4 元/m²
4	地面砖及铺贴	300mm×300mm 地面砖（按选定的品牌、型号定价）、P.032.5 等级水泥、黄砂、人工	m²	10	178	1 780	斜贴、套色人工费另加 20 元/m²；小砖另计
5	墙面砖及铺贴	300mm×450mm 墙面砖（按选定的品牌、型号定价）、P.032.5 等级水泥、黄砂、人工	m²	53	136	7 208	斜贴、套色人工费另加 20 元/m²；小砖另计
6	地面防水	防水浆料、防水高度沿墙面上翻 30cm（含淋浴房后面）	m²	18	60	1 080	涂刷浴缸、淋浴房墙面不得低于 1.8m 高
7	洗面盆及浴室柜	成品家具、洗面盆、浴室柜	套	1	960	960	由客户选定品牌及样式
8	坐便器	成品家具，虹吸式坐便器	个	1	1 240	1 240	由客户选定品牌及样式
9	淋浴房	成品家具，淋浴屏样式	项	1	890	890	由客户选定品牌及样式
10	套装门	实木复合门（含门套、门五金）	樘	1	1 850	1 850	由客户选定品牌及样式
11	装修费用					16 868	—

※ 注：此预算表中所有单价均为一时一地之价格，可供参考使用，但不是唯一标准。

8.4.11　三层过道及楼梯间装修价格

　　别墅户型中的过道和楼梯间是连通三层楼的公共空间，单层过道和楼梯间的面积在 18~27m² 之间。此处列举单层过道及楼梯间的装修费用以供参考，具体装修价格预算表如下所示：

编号	施工项目名称	主材及辅材	单位	工程量	单价（元）	合计（元）	备注说明
1	顶面吊顶（平面、凹凸、拱形）	家装专用 50 轻钢龙骨、品牌石膏板、局部木龙骨	m²	16	140	2 240	共享空间吊顶超出 3m，高空作业费加 45 元 /m²
3	地面水泥沙浆垫高找平	P.032.5 等级水泥、黄砂、人工、5cm 以内	m²	18	27	486	每增高 1cm，加材料费及人工费 4 元 /m²
4	地面抛光地砖及铺设	800mm×800mm 抛光砖（按品牌、型号定价）、P.032.5 等级水泥、黄砂、人工	m²	18	198	3 564	主材单价按客户选定的品牌、型号定价
5	抛光地砖踢脚线及铺设	抛光砖、P.032.5 等级水泥、黄砂、人工	m	23	45	1 035	主材单价按客户选定的品牌、型号定价
6	墙顶面乳胶漆（含挑空层）	环保乳胶漆、现配环保腻子、三批三度、专用底涂	m²	80	40	3 200	批涂加 3 元 /m²、彩涂加 5 元 /m²、喷涂加 3 元 /m²
7	楼梯（一层楼）	定制木制楼梯，实木踏步	步	14	460	6 440	由客户选定品牌及样式
8	装修费用					16 965	—

※ 注：此预算表中所有单价均为一时一地之价格，可供参考使用，但不是唯一标准。

8.4.12 别墅户型装修总价格

别墅户型的装修总价格由前面各空间的装修费用和水电隐蔽工程费用组成。具体装修总价格预算表如下所示：

编号	施工项目名称	主材及辅材	单位	工程量	单价（元）	合计（元）	备注说明
1	地下一层车库	—	项	1	10 620	10 620	—
2	地下一层娱乐室	—	项	1	24 822	24 822	—
3	地下一层影音室	—	项	1	40 546	40 546	—

编号	施工项目名称	主材及辅材	单位	工程量	单价（元）	合计（元）	备注说明
4	地下一层酒窖	—	项	1	31 248	31 248	—
5	地下一层保姆房	—	项	1	8 183	8 183	—
6	地上一层客餐厅	—	项	1	93 790	93 790	—
7	地上一层厨房	—	项	1	38 744	38 744	—
8	地上一、二层卧室及书房	—	项	6	35 502	213 012	—
9	地上一、二层阳台	—	项	2	7 817	15 634	—
10	三层卫生间	—	项	4	16 868	67 472	—
11	三层过道及楼梯间	—	项	3	16 965	50 895	—
12	水电隐蔽工程	水管、电线、配件、工具、人工	m²	420	95	39 900	水电初步估价：局部改造约 95 元 /m²，全部重做约 115 元 /m²
13	装修总费用					634 866	—

※ 注：此预算表中所有单价均为一时一地之价格，可供参考使用，但不是唯一标准。

第九章

装修预算问答

常常有人抱怨在装修过程中花了许多"冤枉钱";找熟人装修本以为可以节约资金,结果却花费不菲,装修质量也不尽如人意;选了装修公司的折扣套餐,却有很多的"漏项",后期还要业主自己花钱填补。诸如此类和装修预算有关的问题时常发生,需要从开始阶段便了解装修预算的一些常见问题,规避可能遇到的风险。

实际上,业主常常将大部分注意力集中在纸质的预算表中,认为只要将预算表研究清楚即可。其实预算表只是装修预算的一个方面,确实需要投入精力去了解,但不宜因此忽视了预算表产生的前后环节。

例如,应当在前期寻找合适的装修公司或施工队,如果选择的公司口碑较好,鲜有增项的情况,那么就可以保证预算不超支。在预算表完成进入施工阶段,应注意设计师和施工队的一些"建议",如修改墙面造型、更换主材等,这些情况都会产生额外的费用。

总之,装修预算会在各个意想不到的环节出现问题,造成不必要的经济损失。只有在前期便有充分准备和"预警",才能在后期规避类似的问题。

9.1 装修找熟人合适吗？

　　许多业主本着对熟人的信任而选择其为自己装修，但最后却遇到装修材料以次充好、工程质量不过关等问题。此时，业主即使想解决问题，也往往因为是朋友关系而较为尴尬。更有甚者，对方还认为自己是帮朋友忙而收益受损。此时，业主通常只能吃哑巴亏。

　　家装行业一直有"装修不能找熟人"的说法，就是因为类似"宰熟"现象屡见不鲜。因此，业主在选择装修队伍时应谨慎。其中包括工人素质及办事效率，因为这很大程度上影响着工程的装修质量和能否按时完工。此外，不论选择什么样的装修公司，都是一种市场经济行为，应签订施工协议和其他相关合约，并严格按合同执行，以便把可能出现的损失降到最低。

9.2 装修公司的"优惠套餐"真的优惠吗？

　　近年来，许多装修公司都会推出不同的优惠措施和打折活动。业内人士提醒，面对打折和优惠，切不可盲目心动，应摸准市场行情。在通常情况下，不妨在装修前去建材市场实地调查，了解材料的市场价格，这样才能避免落入"优惠"陷阱。

9.3 "最低价"中标是福，还是祸？

　　业主不宜一味追求装修"最低价"，应弄清装修材料和服务，才决定聘请哪家装修公司。如果缺少装修经验，没有把握去处理这类装修报价，则最简单、保险的处理办法如图9-1所示。

选择一家规模较大、有信誉的装修公司　　装修公司提供的报价单，必须列明装修项目、数量、规格、单价及总价　　装修公司应提供施工方案和材料样品等　　与装修公司签订的合同中，应列明装修费用和完工期限

图9-1　如何选择装修公司

9.4 能否告知装修公司装修预算费用？

许多业主不愿将装修预算费用告知装修公司，这是很自然的"怕吃亏"心理。业主认为：假如告知装修预算是 10 万元，但其实 8 万元就可以做，岂不是会吃亏？其实，装修费用是由施工方式和用料决定的。即同一个装修设计，不同的施工方法和用料，就有不同的费用。

9.5 有必要查验装修公司资质吗？

业主应要求装修公司提供工商营业执照、资质证明等相关文件，查验相关人员资质，以防上当受骗。

一些装修公司并不具备相应资质，而是挂靠在有资质的公司下，也就是说公司并不对施工质量和服务负责。而在合同中的"发包方和承包方"一项中，有"委托代理人"一栏。这些装修公司属挂靠、承包企业，却有意无意漏填"委托代理人"一栏，也不填写法人委托代理人姓名及联系方式，一旦出现问题便推卸责任，业主的利益往往得不到任何保障。

因此，业主在选择装修公司时应仔细核对其装修资质和营业执照，并应让其出示原件，查验装修公司营业执照"经营项目"中是否有"承揽室内装饰装修工程"这一项。业主还需留意公司有无正规的办公地点，能否出具合格票据等。对装修公司工作人员应让其出示相关证件，如电工证、施工管理人员资格证等，并核对公司营业场所地址、电话是否真实有效。

9.6 报价太低的预算可信吗？

许多业主在选择装修公司时，哪家报价最低，就选择哪家。单纯比较价格、选择报价最低的装修公司，往往会给业主带来不可弥补的损失。

业主在查看装修预算报价时，应综合考虑材料品牌、型号，以及施工工艺、工序等因素，才能得出一个较为客观的判断。

9.7　装修公司可提前要中期款吗？

刚开工没几天，有的装修公司以购买材料为由要求支付中期款。提前要中期款，需注意其动机。

如何避免这种情况呢？业主应在与装修公司签订合同时明确约定资金的给付期限及方式等，以免产生歧义。

9.8　装修公司延误工期怎么办？

为了让装修能按时完成，签约前，需注意以下两点。

（1）与装修公司协商施工具体时间表，并在合同中明确约定。

（2）到施工现场向工长了解工程进度。通过观看现场施工情形，了解现场管理状况，了解工人的工作态度。例如，工人是否吃住在现场？材料的堆放是否整齐？完成部分的成品是否保护完好？

上述种种问题，业主在签订合同前，最好能去工地现场实地考察一番，做到心中有数。

TIPS	不延误工期的正确做法

装修公司应依据居室面积和房屋类型，明确工期，并在合同中明确约定。施工中，施工现场必须张贴工期表，将施工内容、材料进场等日期明确告示，以方便业主随时监督。装修公司工程部和质检部应随时检查进度，发现问题及时采取相应措施。

9.9　什么是预算追加费用？

为了避免在装修过程中不断地追加费用，需注意以下两点。

（1）确认报价。报价单中材料的数量和品牌、型号应详细明确。

（2）签合同时需确认：如果图纸应该有的材料或者施工节点在报价中有遗漏需追加费用时，责任由谁来负。

9.10　为什么会出现工程总款比合同款多的情况？

首先应自我检讨，是否抵挡不住装修公司的软磨硬泡，增加了很多装修项目？例如在合同约定外，又多做了一个衣柜。是否是本应由装修公司支付的款项，最后变成由业主"买单"？

查看合同，是否有重复计费之处？比如涂料是自己买的，可是预算上还是把涂料费用付给了装修公司。

所有施工项目面积都仔细丈量过了吗？需注意的是，即使业主在装修前把价格压得很低，装修公司也有办法在预算中悄悄增加费用，其方式就是在工程量上做手脚。

9.11　如何应对建材商家的打折促销？

如今，各大商家纷纷推出打折活动，面对五花八门的打折促销，业主应理性选购。商家四种优惠方式（图9-2）如下：

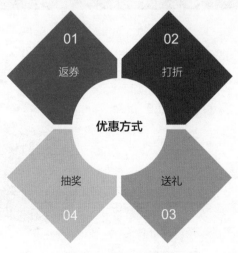

图9-2　商家四种优惠方式

形式1：返券 返券谨防"虚情假意"。返券是目前最受争议的优惠活动。家居装饰界一些"跨行业"的返券活动还是能够吸引不少消费者。比如装修公司赠送家具购物券，或与建材超市联合赠送购物券。

形式2：打折 打折不可"雾里看花"。直接打折比返券省事，又比抽奖实惠。但有的是商家打折，有的是卖场为了吸引客流而进行的打折。

形式3：送礼 赠送的东西也须索取凭证。比如建材城赠送礼物活动，买床送床头柜，买瓷砖赠送灯具等。

形式4：抽奖 勿为抽奖冲动消费。业主应选择高中低档品牌齐全的商城，这样有利于"好钢用在刀刃上"。

TIPS	注意事项

（1）享受返券时需注意主要消费目标是否实现，其次再考虑优惠。

（2）购买打折建材应保留好发票，因为打折商品仍须质量保证，如出现问题可以投诉，商场应承担相应责任。

（3）对于商家赠送的商品，业主应要求其在购物凭证上注明赠送的商品名称、型号及数量，商家需承担质量责任。

（4）抽奖心态要好，确认购买的是必需品，勿为抽奖冲动消费。

9.12 怎样将有限的资金用在"刀刃"上？

在装修前，业主会根据居室面积和自身经济情况预估装修费用，节约开支自然也就成了装修中的重点。如何将有限的资金用在"刀刃"上呢（图9-3）？

1. 量力而行，砍价有度

"节约开支"应该是指合理消费，把有限的资金用在刀刃上，而不是以低质、低效为代价。如果一味追求"节约"，最后得到的可能

图9-3 装修费用合理支出

是伪劣产品。

无论是设计师还是装饰公司，出于赢利目的，会在最初的报价上列出一些可有可无的项目。业主需擦亮眼睛，删去这些项目，以节约开支。

2. 合理设计，装修到位

合理设计是最基本的节约开支的方法，因为在通常情况下，设计师会将居室功能、装饰、用材等都一一标示在施工图纸上，并可协商修改，直到业主满意为止，从而避免装修过程中边施工边调整设计方案所带来的人力、物力、财力浪费，更何况装修设计不合理，会导致部分室内空间被浪费，那也是一笔损失。

3. 用料做工，清楚明白

现在有些装修公司为降低成本，通常在材料上选择伪劣产品，以次充好牟取暴利，所以，对于装修公司提供的图纸和报价单，应让其列出每个装修项目的具体材料（包括型号、品牌）、施工工艺、价格等。

9.13 哪些装修材料适合团购？

1. 瓷砖、地板类

瓷砖、地板类品种、型号较为统一，采购量大，使其较为适宜团购。某些厂家或经销商等甚至还专门成立了团购销售部，深入小区提供团购服务。

2. 厨、浴设施

许多人装修完后，发现最大的装修支出居然是厨房和卫浴。的确，几万元的按摩浴缸、几千元的坐便器、几千元/延米的橱柜等，不团购，很容易超支。

3. 避免团购陷阱

团购较为实惠，自然也有不良商家打着团购的幌子招摇撞骗，因此应遵循以下团购基本守则，谨防上当受骗。

9.14 如何确定装修选项才能节约成本？

1. 基础装修应谨慎

一般水电改造多为了达到设计效果，但实际上在毛坯房交房时，房屋的水电已基本满足使用需求。在节约成本的前提下，水电基本无须改动。

如果房间不是很规则，需要有所改变，又如需装热水器等原因，需增加水路管道等，应画清电源线和水管铺设线路图。倘若几年后需重新装修，就可以依据线路图改造，而不损伤电源线和水管。

TIPS　**隐蔽工程材料质量**

确定改动水电线路后，应选择质量过硬的相关建材。如果电线、水管质量不达标，会给日后的生活带来安全隐患，因此在购买电线和水管时不宜降低标准。

2. 考虑选择促销套餐

（1）地砖一般资金支出伸缩性较大。质量较好的品牌地砖高达几百元一块，非品牌地砖有的价格仅需十几元。由于卫浴间湿度大，加上地砖是易磨损件，如果产品质量差，在干湿交替的环境下，很容易产生釉面开裂等现象，造成意外伤害事故。因此，从质量和价格方面考虑，可以选择促销期间的品牌砖。

（2）目前市场上普通坐便器、洗面台价格均在千元左右，所以可以选择一些促销套餐，虽然选择余地较小，但可降低价格，既实惠又有了质量保证。

（3）门和橱柜在主材选购中资金占比较大。现场制作比较节约费用，但漆膜光洁度、美观度不如定制的橱柜和门，而且板材选购耗费的时间成本，以及现场制作造成的垃圾、噪声、环保等都是问题。

3. 装饰设计尽显个性

虽然选材不一般，装修简单，但不代表房屋不具备时尚个性气息，装修时需充分运用色彩和线条上的设计来表现。

（1）色彩与色彩之间以色块形式按不同比例搭配，可为空间带来不同的韵律感。极具几何感的形状和生动的线条相互搭配、融合，可以呈现出简约、细腻而富有张力的空间美感。

（2）利用不同材质的搭配强调不同的空间块面，让空间更有层次感，也可利用线条的高低长短制造出有落差的空间"态势"。譬如用门、窗、柜等功能组合打破空间立面的单调，既实用又讨巧。再如用书架上的遮挡面板与小的格子以及书籍与书籍之间的线条，配合玻璃拉门，使得空间充满趣味。

（3）在空间中，几何形与线搭配色彩的表现方式很多，如可用几种不同颜色、不同材料铺贴成几何图案的地面；用曲线构成的鲜艳地毯与顶面板弧线造型相搭配；将墙面涂抹成鲜艳的红色方块；装设一块有着几何规则形状的移动屏风等，都可以令空间瞬间充满浓厚的戏剧意味，并具有较好的互动性与私密性。

9.15　装修易犯的通病

装修易犯的五种通病（图9-4）如下：

图9-4　装修易犯的五种通病

1. 胸无全局

很多业主在拿到新房钥匙后，没准备充分、做好计划就开始装修，从选择装修风格时就开始茫然，全凭一时的喜好，结果导致装修效果与预想相差甚远，装修预算也超标。

因此，拿到新房钥匙后，不要急于装修，应先确定装修风格，包括使用的装饰材料、家具的购置和摆放位置等细节都要心中有数。然后结合装修风格、自身经济能力，确定装修预算费用。

2. 贪小便宜

事实上，许多装修上的纠纷都是业主贪小便宜心理造成的。例如，为了节约装修开支，聘请无资质施工队进行装修，按合同应竣工时却迟迟不能完工。而在环保方面，由于室内装修污染较为严重，许多业主在装修结束后几个月还迟迟不能入住。

3. 生搬硬套

装修前，业主在网上找了大量图片，还买了许多时尚家居杂志，但业主精挑细选的图片却不符合装修设计要求。适当参考与借鉴是必要的，但一味模仿，则完全没必要。施工前，业主应告知设计师自己的需求，与设计师达成共识。

4. 一步到位

年轻人装修新房很容易走入一个误区，总想"一步到位"。装修应该随环境改变做相应调整，尤其当二人世界变成三口之家时，应重新调整合理划分和利用居室空间。因此新房装修要"留白"，为适应未来变化留有足够的空间。一次性全部完成装修会造成浪费，也会让业主在重新规划房屋时，一方面不知如何设计，另一方面舍不得丢弃已过时的家具。

5. 盲目攀比

一些人装修房子喜欢跟风，看到别人追求豪华，也一味模仿，结果一套居室装修下来，花费数十万元。过度消费是一种不成熟的消费心理。现代人装修理念应该是从简、环保，居室温馨和舒适即可。

9.16 设计费值得支付吗？

作为一种促销手段，许多装修公司为客户提供免费设计，这逐渐成为一种行业惯例，因此在大部分消费者头脑中也形成了家装设计不收费的观念。

家装业内人士认为，目前大多数家装设计师只能说是会画图的业务员。据了解，目前大多数设计师的收入是按一个家装工程产值的2％~3％收取提成，设计的工程越多，提成也就越多，设计师的收入也会随之增加。在这种情况下，为了增加收入，一个设计师通常在一个月内完成6~8个家装设计方案甚至更多，由于设计师的精力是有限的，每一个设计方案都会被压缩在最短的时间内完成，因此粗制滥造是不可避免的。

由于设计师收入是按家装工程产值提成，产值越高，收入也就越多，因此在做设计方案时往往并不是根据客户的实际需求，可做可不做的项目也要求客户做，比如石膏线、吊顶、各种造型等，从而增加材料和人工费，如此"免"掉的设计费就从这里找回来了。

对业主而言，一个好的设计方案由于有一个整体规划，反而可以节省装修总造价，因此在设计上多投入对业主是有利的。

9.17　如何防止装修材料被掉包？

（1）查看包装：装修公司使用装修材料一般都是其指定品牌，外包装上通常都有防伪标志。

（2）查合同：业主可以检查材料等级、型号、规格等与合同是否一致。

（3）打电话：在材料的包装封面上，一般都有生产厂家的咨询电话。如果不确定产品真伪，可以拨打电话进行咨询。如"生产编号为××××，生产日期是××××的产品是否为贵公司生产？"厂家对产品一般都有存档，可以迅速告知真假。

9.18　哪些方面可以节省预算？

（1）墙外省。为了长期居住的安全考虑，墙内隐蔽的水管、电线应尽量使用优质品牌，因为这些水管、电线封闭之后万一出现质量问题将难以维修，而且还会损伤相应的墙面或地面等。相对来说，墙上的装饰品如挂画、闹钟、壁灯等不需过多考虑安全问题，可随时更换，因此可买相对便宜些的。

（2）墙面省。一般来说，在房屋的整个装修中厨房、卫生间花费比例较高，因此是最需要精打细算的地方。厨房、卫生间地面是业主平时经常接触的，所以地面砖必须符合耐磨、防滑等特点，高质量的地砖安全性更有保证。而墙面并不是日常生活中所直接接触的地方，且四面墙的花费不菲，因此业主可以根据自己的喜好选择花色好、质量过关的产品即可，无须追求品牌。

（3）固定式装饰墙、柜慎做。装饰背景墙、柜虽然能融合整个装修风格，刚入住的时候确实美观，但长期居住厌烦时如想更换家中格局或色彩，这些固定式装饰墙、柜便成了累赘。因此与其花大量资金做装饰墙、柜，不如尽量使用活动的装饰构件，轻巧易更换；或为了融合整个装修风格，用简洁的可经常涂刷变换颜色的装饰墙、柜，这样既节约成本又美观实用。

9.19 如何在预算有限的情况下，装修出有品位的空间？

1. 设计应根据户型情况，摒弃不必要的设计

吊顶、背景墙、木质造型等局部设计适用于 130m² 以上的大户型，中小户型欲节约费用，最好在设计上放弃这些部件，改用其他方式体现家装效果。

（1）吊顶用得好的确可以增加室内装修效果和品质，但是，在目前标准楼层普遍偏低的情况下，中小户型如果一味要求吊顶效果，可能会适得其反。

（2）背景墙在营造室内氛围上效果较好，但打造一面漂亮的背景墙耗资不小，因此，在设计时可以考虑用不同颜色或材质的墙面、壁纸代替，以后更换也方便。

（3）木质造型虽然可以增加室内格调，但一方面造价较高，另一方面易过时，更换成本高。

（4）小户型可加强空间多元化的设计，在增加储物空间、区分功能区域方面多下功夫，争取以装修时的小投入，换取入住后的住宅高品质。

2. 主材选购多使用替代品

（1）主材选购尽量使用物美价廉的替代品。例如无须全面积铺设木地板，可在客厅、餐厅等区域铺亚光瓷砖，不会显得室内冷清，效果也不错；在卧室、书房等区域，可以使用复合木地板，虽然其舒适性和环保性不如实木地板，但却节省了许多费用。

（2）卫浴洁具品牌众多让人眼花缭乱，但品牌多，市场竞争激烈，商家不时举行促销活动，如打折、赠送、套餐……因此，业主应勤逛建材市场，瞅准促销时机，很可能以 1/2 甚至 1/3 的价格买到自己心仪的产品。

（3）如何选择橱柜呢？一套品质优异的高端橱柜产品花费好几万元，摆在开放式厨房里非常气派。但装修时应把有限的资金用在刀刃上。因此，选择好门板和台面，橱柜购买中端产品即可。